阿哈水库

姚俊杰 主编

水资源保护和生物治理

U0286854

中国农业科学技术出版社

图书在版编目（CIP）数据

阿哈水库水资源保护和生物治理 / 姚俊杰主编 . —北京：
中国农业科学技术出版社，2017.1
ISBN 978-7-5116-2708-7

Ⅰ . ①阿… Ⅱ . ①姚… Ⅲ . ①水库—水源保护—贵阳
②水库—水环境—生物处理—贵阳 Ⅳ . ① TV697.1 ② X143

中国版本图书馆 CIP 数据核字（2016）第 287862 号

责任编辑	范　潇
责任校对	贾海霞

出 版 者	中国农业科学技术出版社
	北京市中关村南大街 12 号　邮编：100081
电　　话	（010）82106625（编辑室）（010）82109702（发行部）
	（010）82109709（读者服务部）
传　　真	（010）82106625
网　　址	http：//www.castp.cn
经 销 者	各地新华书店
印 刷 者	北京富泰印刷有限责任公司
开　　本	787mm×1 092mm 1 /16
印　　张	8.5
字　　数	166 千字
版　　次	2017 年 1 月第 1 版　2017 年 1 月第 1 次印刷
定　　价	49.80 元

《阿哈水库水资源保护和生物治理》
编委会

顾 问
左章超　葛永平　何道德　宋晓东　王　波
任廷战　邓时安

主 编
姚俊杰

副主编
方贵正　吴俣学

编写人员
秦国兵　熊　伟　朱忠胜　刘　佳　雷　力
安　苗　林艳红　周贤君　董然然　李　媛
王秀龙　陆仕利　李玉麟

前　言

　　水是生命之源，它滋润了万物，哺育了生命。地球表面有 70% 被水覆盖着，而其中 97% 为海水，仅 3% 为淡水，且淡水中的 78% 为冰川淡水，目前难以利用。由此可见，我们能利用的淡水资源十分有限。随着社会发展，用水量不断增大，且水污染的威胁不断增加，使有限的淡水资源变得更为紧张。因此，我们必须爱护水环境，保护水资源。

　　贵州省地处云贵高原，以中部苗岭山脉为界，北属长江流域，南属珠江流域。阿哈水库位于贵阳市南明河支流小车河上，坝址以上集水面积为 190 km²，距市中心 8 km。此流域包括 5 条入库支流——游鱼河、白岩河、蔡冲沟、金钟河和滥泥沟，均属于长江流域乌江水系南明河支流。该水库位于金竹片区，是一个断裂沟谷—山间河流型水库。整个水库处于向斜构造地带，库区范围北至猫坝，南至滥泥沟，西至雪厂，东至大洞口，水面略成东北向呈凤爪状。阿哈水库于 1960 年 6 月建成，1982 年定为饮用水水源地，设计供水能力为 25 万 m³/d，是以城市供水和防洪为主的中型水库，是贵阳市城中供水的主要水源地之一。

　　红枫湖、百花湖、阿哈水库、花溪水库、松柏山水库是贵阳市的主要饮用水水源地。红枫湖、百花湖和阿哈水库，俗称"两湖一库"，被贵阳市民亲切地称为"水缸"。为了加强水源地的保护工作，贵阳市于 2007 年成立了两湖一库管理局，作为此"水缸"的管理单位。

　　就阿哈水库而言，近年来，其上游及周边城镇化建设的升级和人口数量剧增，污染物排放增加，使水库水环境保护面临空前的压力。为了更有效地开展对阿哈水库饮用水源地的保护，本书介绍了近期调查的一些成果，并提出建议，旨在提高社会各界人士对阿哈水库水环境及水资源的认识，了解阿哈水库现状，引起社会各界更广泛的关注，并意识到水环境及水资源保护的严峻形势，进一步加入到保护的队伍中来，为水环境及水资源保护作出贡献。

阿哈水库的科学考察涉及水生生物门类多，工作量大，在此项考察过程中，得到了贵阳市两湖一库管理局水环境保护项目、国家自然科学基金（31160527）、贵州省教育厅水产养殖特色专业项目、贵州省黔西南特色产业扶贫与生态修复协同创新中心平台建设项目的资助。感谢罗文、安传光、李秋华、袁果、孟凡丽等专家在物种鉴定及文稿审定过程中给予的帮助，感谢阿哈水库管理处的杨钧评、黄杰、陈廷勇等同志在资源调查过程中提供的帮助。贵州大学、浙江大学的师生在采样调查、数据统计、材料整理及物种鉴定等方面做了大量工作，他们是黄胜、杨引欢、陈红雕、李路、李礼、陈修云、姚洪君、戴皓正、王雪、唐鑫、李昊、安丹丹、周红霞、杨通枝等同学，在此表示衷心感谢！

由于作者水平有限，书中会存在错误和不足，恳请广大读者批评指正。

编 者

目　录

第一部分
水资源保护

一、有关领导对水资源、水生态的关注

　　建设生态文明是关系人民福祉、关乎民族未来的大计，是实现中华民族伟大复兴的中国梦的重要内容。我们要紧密团结在习近平总书记为核心的党中央周围，建设美丽中国，努力开创社会主义生态文明新时代。1933 年 4 月，毛泽东同志注意到，瑞金市沙洲坝地势较高，离河较远，附近塘水很不卫生，群众吃水和用水都非常困难，挑一担水往往要走几里远的山路。通过实地勘查水源，毛泽东同志与当地百姓一起在瑞金市沙洲坝开挖了一口井，现称为"红井"（图 1.1.1）。当年，红军还分头帮助附近的村庄挖井，使沙洲坝从此告别了"吃水难"问题。

　　习近平总书记指出："我们既要绿水青山，也要金山银山。宁要绿水青山，不要金山银山，而且绿水青山就是金山银山。"

要发动群众，依靠群众，穷山可变成富山，恶水可以变成好水。

毛泽东（1952 年）

水治我，我治水。我若不治水，水就要治我，我必须治水。

毛泽东（1953 年）

生态环境保护是功在当代、利在千秋的事业。

习近平（2013 年）

保障水资源安全，无论是系统修复生态、扩大生态空间，还是节约用水、治理水污染等，都要充分发挥市场和政府的作用。

习近平（2014 年）

对人民群众、子孙后代高度负责的态度和责任，真正下决心把环境污染治理好、把生态环境建设好。

习近平（2014 年）

要把保护生态环境放在突出地位，要像保护眼睛一样保护生态环境，像对待生命一样对待生态环境。

习近平（2015 年）

让百姓喝上干净水是最基本的民生保障，也事关政府公信力，是不可推卸的责任！

李克强（2014 年）

图 1.1.1　毛泽东同志与当地百姓在瑞金挖掘的红井（摘自苏区文化传播中心网站）

二、水资源概况

（一）世界水资源

地球表面积的 72% 为水所覆盖，储水量有 14.5 亿 km^3 之多。实际上，地球上 97.5% 的水是海水，不能用于饮用和灌溉；能直接利用的淡水资源仅有 2.5%。近 70% 的淡水冻结在南极和格陵兰的冰盖中，其余大都是土壤中的水分或是深层地下水，难以供人类开采使用。江河、湖泊、水库等来源的水易于供人类直接使用，但水量不足全球淡水的 1%，约占地球水资源量的 0.007%。全球淡水资源不仅短缺，而且地区分布极不平衡（图 1.2.1）。

联合国一项研究报告指出：全球现有 12 亿人面临中度到高度缺水的压力，80 个国家水源不足，20 亿人的饮水得不到保证。预计到 2025 年，形势将会进一步恶化，缺水人口将达到 28 亿~33 亿人。2002 年的世界水资源危机分布图显示：人口密集的区域大都存在严重的缺水危机（图 1.2.2）。

（二）中国水资源

中国淡水资源总量为 28 000 亿 m^3，占全球 6%，仅次于巴西、俄罗斯和加拿大，居世界第四位。我国淡水资源人均占有量只有 2 200 m^3，仅为世界平均水平的 1/4，在世界上名列第 121 位，是全球 13 个淡水资源人均占有量最贫乏的国家之一。

除难以利用的洪水径流和散布在偏远地区的地下水资源外，我国可利用的淡水资源仅为 11 000 亿 m^3 左右，人均约为 900 m^3，并且分布极不均衡，大量淡水资源集中在南方，北方淡水资源只有南方的 1/4（图 1.2.3）。一些城市因地下水过度开采，造成地下水位下降；有的城市形成了几百平方公里的大漏斗地下缺水区，使海水倒灌数十公里。由于工业废水的肆意排放，导致 80% 以上的地表水、地下水被污染。20 世纪末，全国 600 多座城市中，已有 400 多个城市存在供水不足问题，其中比较严重的缺水城市达 110 个，全国城市缺水总量为 60 亿 m^3。

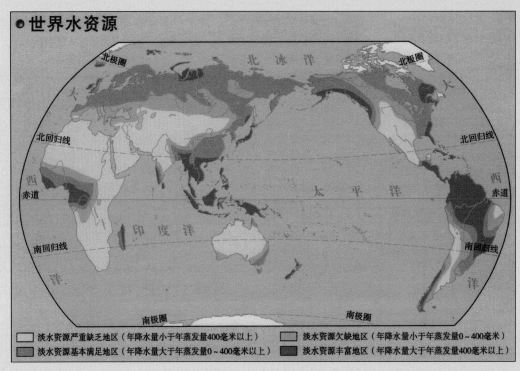

图 1.2.1 世界水资源

图 1.2.2 世界水资源危机分布图

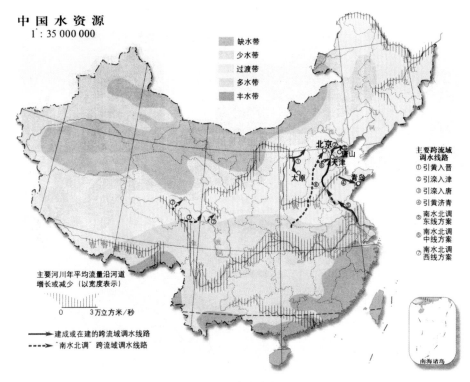

图 1.2.3　中国水资源

据监测，目前全国多数城市地下水水质受到一定程度的点状和面状污染，且有逐年加重的趋势。日趋严重的水污染不仅降低了水体的使用功能，进一步加剧了水资源短缺的矛盾，对我国正在实施的可持续发展战略带来了严重影响，而且还严重威胁到城市居民的饮水安全和人民群众的健康。

（三）贵州省水资源

贵州省简称"黔"或"贵"，位于我国西南的东南部。贵州特殊地理环境，境内资源丰富，自然风光神奇秀美，山水景色千姿百态，溶洞景观绚丽多彩，山、水、洞、林、石交相辉映，浑然一体；野生动物奇妙无穷种类繁多，文化和革命遗迹闻名遐迩。周恩来同志曾赞扬贵州是"山川秀丽，气候宜人，物产丰富，人民勤劳"。

贵州地处长江、珠江上游，是长江珠江上游地区的重要生态屏障。横贯贵州中部的苗岭为长江、珠江分水岭；东部武陵山为乌江、沅江分水岭；西部乌蒙山为牛栏江和乌江、北盘江分水岭；西北部大娄山为乌江和赤水河、綦江分水岭。省内河流多发源于中、西部，向南、北、东方向呈扇状放射，苗岭以北属长江流域，面积 11.57 万 km²，苗岭以南属珠江流域，面积 6.04 万 km²。计流域面积大于 1 000 km² 的河流共 65 条。全省已知

的地下河有 1 097 条，已探明规模较大的地下河系 23 个。据不完全统计，到 2014 年，全省大中小水库 2 379 座，总库容 468.52 亿 m³。其中，库容大于 1 亿 m³ 的大型水库 26 座，总库容 416.7 亿 m³（图 1.2.4）。

全省平均年降水量为 1 179 mm，其中长江流域平均为 1 126 mm、珠江流域平均为 1 280 mm。省内大部分地区年径流深为 500～700 mm，全省平均径流深为 602.8 mm。贵州省境内河流年径流总量均值为 1 062 亿 m³，省外入境水量为 153.2 亿 m³，可以重复利用。贵州省的地下水资源量为 259.95 亿 m³（占地表水资源量的 24.5%），地下水径流量均值为 14.8 万 m³/km²。贵州省以水资源三级分区作为计算水资源可利用量估算节点，得出全省现状条件下可利用总量为 1 618 822 万 m³，占全省水资源总量的 15.2%。按本省境内水资源量 1 062 亿 m³ 计算，全省人均占有水资源量为 2 915 m³。

贵州省水资源的补给来源主要为大气降水，赋存形式为地表水、地下水和土壤水，可通过水循环逐年得到更新。由于独特的割蚀型喀斯特高原环境，山高谷深，地表破碎，峰丛洼地的广泛发育，河流时明时暗，干谷和季节性河流普遍存在，河间地表、地下分水岭往往不一致，喀斯特地下水以集中径流为主，不存在统一的地下潜水面，且水流流向具有豁然性，因而经常产生"天上降水地上无水"的喀斯特缺水现象。贵州省大中城市及众多中小县城均处在资源性缺水区域。同时，洪涝与干旱频频发生分布广泛。

随着社会发展，人口增长和水资源缺失的矛盾会更加突出。水资源的保护，尤其是饮用水资源的保护已经成为贵州省亟待解决的重要课题。

（四）贵阳市饮用水源

两湖一库是贵阳市红枫湖、百花湖、阿哈水库饮用水源的简称。目前，贵阳市开发利用供城镇生活、生产的蓄水工程有 1 200 多座。主要饮用水源为红枫、百花、阿哈、花溪、松柏山这 5 大水库，其中两湖一库，每天向贵阳市城区、清镇市、白云区供水 55 万 t，提供了贵阳市城区城市用水量的 60%，供应着 120 多万市民的饮水，其地位极其重要，是贵阳市民珍贵的"三口水缸"。

贵阳市两湖一库管理局成立于 2007 年 11 月，主管贵阳市红枫湖、百花湖、阿哈水库的水资源保护工作，主要职责是贯彻执行国家有关环境保护、水资源保护等方面的法律、法规、规章制度，依据授权或委托，依法实施两湖一库管理范围内的行政许可、行政执法，组织实施两湖一库水资源环境保护、水污染防治、生态环境保护等工作。

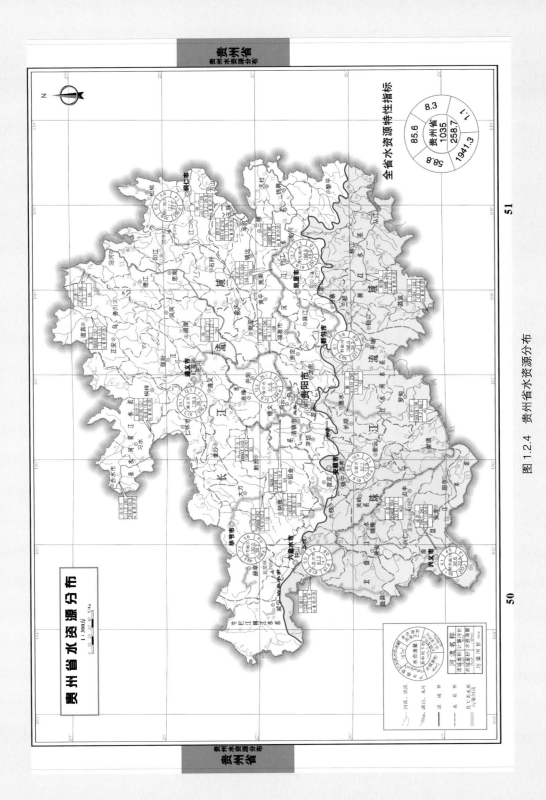

图1.2.4 贵州省水资源分布

第二部分
阿哈水库水资源及保护

一、阿哈水库概况

贵阳市的红枫湖、百花湖、阿哈水库被称为城市三大"水缸"，是贵阳市的主要饮用水源地。

阿哈水库位于贵阳市南明河支流小车河上，坝址以上集水面积为 190 km²，距市中心 8 km。流域包括 5 条入库支流——游鱼河、白岩河、蔡冲河、金钟河和滥泥沟，均属于长江流域乌江水系南明河支流。其中，小车河（其上游干流称为游鱼河）为一级支流，其余属二级支流。阿哈水库是一个断裂沟谷——山间河流型水库，水面流向略成东北向的凤爪状，1960 年 6 月建成，1982 年定为饮用水水源地，设计供水能力为 25 万 m³/d，是以城市供水和防洪为主的中型水库，汛期拦蓄南明河支流小车河上的来水，缓解城区的防洪压力。

阿哈水库 1958 年 4 月设计，同年 8 月动工修建，1960 年 6 月第一期工程竣工。水库大坝为均质土坝，最大坝高 37.5 m，坝顶长为 133 m，坝顶高程为 1 114.5 m，校核洪水位为 1 113.5 m，总库容为 8 658 万 m³，设计洪水位 1 113.5 m，水库正常蓄水位为 1 110 m，相应库容为 5 420 m³，防洪限制水位主汛期为 1 109 m（相应库容为 4 950 万 m³），后汛期为 1 110 m（相应库容为 5 420 万 m³）。水库设计标准为百年一遇设计，两千年一遇校核，万年一遇保坝。

阿哈水库饮用水水源保护区分为一级、二级和准保护区，保护区面积共 180.2 km²，其中一级保护区面积 10.85 km²，二级保护区面积 81.18 km²，准保护面积 88.17 km²（图 2.1.1）。

9

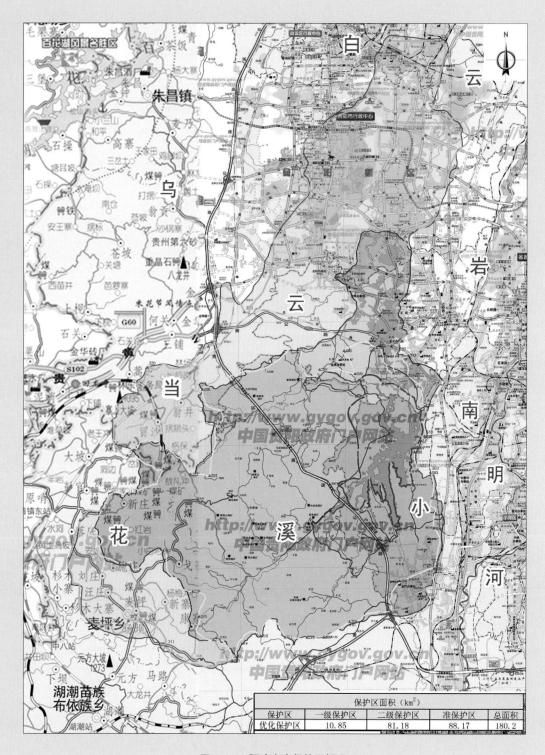

保护区面积（km²）				
保护区	一级保护区	二级保护区	准保护区	总面积
优化保护区	10.85	81.18	88.17	180.2

图 2.1.1　阿哈水库保护区概况

二、阿哈水库自然风光

阿哈水库是拦水筑坝而形成的高原湖泊。这里，一座座青山屹立水中，山峰若隐若现，翠峰峻石，云海翻涌，郁郁葱葱；这里，大小湖面星罗棋布、湖面碧波荡漾，波光粼粼；这里，一处处湖岸翠杉成林，倒影婆娑、湖光山色、相映成趣；这里，山花遍野，争奇斗艳，晨暮交替，云卷云舒；这里，就是一个梦境般翡翠似如绿色世界（图2.2.1、图2.2.2、图2.2.3、图2.2.4、图2.2.5、图2.2.6、图2.2.7、图2.2.8、图2.2.9、图2.2.10、图2.2.11、图2.2.12、图2.2.13）。

图 2.2.1　阿哈水库远眺

图 2.2.2　阿哈水库大坝水域

图 2.2.3　俯瞰阿哈水库

图 2.2.4 翠峰峻石

图 2.2.5 水天相连

图 2.2.6 湖面碧波粼粼

图 2.2.7 湖中离岛

图 2.2.8 湖上天堑

图 2.2.9　阿哈湖的舞者

图 2.2.10　静谧的生活

图 2.2.11　湖边小憩

图 2.2.12　阿哈湖的碧水秀峰

图 2.2.13　阿哈水库周边风貌

三、阿哈水库环境保护

（一）省市领导重视水库治理

　　阿哈水库的治理和管理工作离不开各级领导的关怀和帮助，正是有了他们的重视在全体治管人员和市民的努力下，才使得阿哈水库的治理和管理工作能够顺利开展，让市民得以饮用放心的水。参见图2.3.1、图2.3.2、图2.3.3、图2.3.4、图2.3.5。

图 2.3.1　省领导黄家培同志视察阿哈水库

图 2.3.2　市领导陈刚同志在阿哈水库开展调研

图 2.3.3　市领导刘文新同志调研阿哈水库
水资源保护情况

图 2.3.4　市领导钟汰甬同志到阿哈水库
调研生态治理工作

图 2.3.5　环保厅姜平同志到阿哈水库指导水资源保护工作

（二）实行严格执法

自 2007 年贵阳市两湖一库管理局成立以来，阿哈水库管理处共查处违法排污 37 件，查处一级保护区游泳钓鱼案件 54 件，有效地保护了阿哈水库水质（图 2.3.6、图 2.3.7、图 2.3.8）。

①、②、③、④打击非法捕捞
⑤ 2013 年 4 月，执法人员夜查企业排污情况

图 2.3.6　严格执法，打击非法捕捞和排污

图 2.3.7　严格执法保证水库水质

①	②
③	
④	⑤

①、②执法人员雨中执法检查
③执法人员查看企业排污口标志
④执法人员与企业签订水源保护责任书
⑤执法人员夜查企业水处理情况

图 2.3.8 执法人员进行执法和生态治理

①水务管理局左章超局长检查阿哈水库治理状况
②禁游、禁钓执法
③与派出所联合进行禁游、禁钓执法
④投放鲢、鳙鱼进行生态治理
⑤执法人员检查企业水处理情况

①	②
	③
④	⑤

（三）开展科学研究

　　阿哈水库饮用水源保护区的保护工作，日益受到社会各界的广泛关注。只有开展深入细致的调查和研究，充分认识阿哈水库水域生态的规律性，才能针对阿哈水库的具体特点提出保护措施和治理建议（表2.3.1）。近年来，包括贵州大学、贵州师范大学、中国科学院地球化学研究所等多家科研院所对阿哈水库进行了水资源和水生态等方面的科学研究（图2.3.9、图2.3.10、图2.3.11、图2.3.12）。

①	②
③	
④	⑤

①贵州大学水产科学系姚俊杰教授科研团队
②姚俊杰教授一行与管理处雷力、渔政站刘佳商讨水域生态保护工作
③姚俊杰教授一行在阿哈水库进行实地调研
④采集样品
⑤滥泥沟采水样

图2.3.9　开展水质科学调研和治理

①现场检查、采集水样
②采集浮游生物
③姚俊杰教授等鉴别水生生物
④水生植物的采样、鉴定
⑤底栖动物调查

图 2.3.10　取样调查水生生物

图 2.3.11　开展水生生物调查与鉴定

①	②
③	
④	⑤

①底栖动物的调查、采样
②水生植物的鉴定
③、④浮游生物的定性、定量分析
⑤姚俊杰教授、管理处雷力等探讨阿哈水库的水生态保护工作

图 2.3.12　实验室进行样品检测

（四）进行全方位水环境治理

为保护贵阳市人民的"水缸"，各级政府从行政、法律、经济等方面逐年加大对阿哈水库的保护力度。近年来，在阿哈水库饮用水源保护区，大量保护与治理工作相继开展，涵盖了保护宣传、资源保护、自然村寨搬迁、人工湿地污水处理、监测能力建设、生态治理、底泥环保疏浚等各个方面（图 2.3.13、表 2.3.1）。

图 2.3.13　贵阳市阿哈水库管理处外景

表 2.3.1　阿哈水库治理工程项目一览表

序号	项 目 名 称
1	阿哈水库底泥环保疏浚项目
2	阿哈水库竹林寨人工湿地污水处理工程
3	阿哈水库饮用水源保护区金竹片区污水治理工程
4	阿哈水库金钟河入湖段清水型生态治理项目
5	阿哈水库饮用水水源地污染防治项目
6	阿哈水库监测能力建设项目
7	阿哈水库取水口整治工程
8	阿哈水库农村生活污染治理项目
9	阿哈水库饮用水源一级保护区自然村寨搬迁工程项目

第三部分
阿哈水库水生生物现状

一、水生态系统中的生物种类

（一）水生态系统概述

水生态系统是由水生生物群落与水环境共同构成的具有特定结构和功能的动态平衡系统。

海洋、河流、湖泊、池塘等都是水生态系统。湖泊生物群落有自养生物（藻类、水草等）、异养生物（各种无脊椎和脊椎动物）和分解者生物（各种微生物）。湖泊生态系统中，湖泊生物群落与大气、湖水及湖底沉积物之间连续进行物质交换和能量传递，并处于互相作用和影响的动态平衡之中（图3.1.1）。

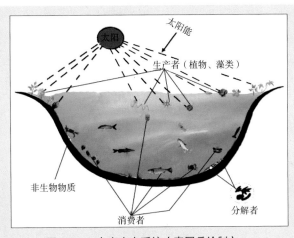

图 3.1.1　水生生态系统（秦国兵绘制）

（二）水生态系统中的自养生物

1.藻类

藻类是低等植物中的一个大类群，它具有叶绿素，能够利用光能进行光合作用，将无机物转变成为有机物，由于它们主要生活在水体的上层，人们也常称藻类为浮游植物。藻类一般分为金藻门、黄藻门、硅藻门、甲藻门、褐藻门、红藻门、裸藻门、绿藻门、轮藻门、蓝藻门、隐藻门。藻类是自然水体中，特别是海洋湖泊等大型水体中最基本的初级生产者，是水体中主要的化学能量和有机物质的来源，是水生生态系统食物链中基础的一环。

藻类在形态上千差万别，大小不一，小的只有几微米，必须在显微镜下才能见到，如小球藻；体形较大的肉眼可见；最大的体长可达 60 m 以上，如生长于太平洋中的巨藻。

2.几种藻类介绍

螺旋藻

螺旋藻是蓝藻门，颤藻科的一些螺旋状藻类的统称。由单细胞或多细胞组成的丝状体，体长 200 ~500 μm，宽 5~10 μm，圆柱形，呈疏松或紧密的有规则的螺旋形弯曲，故而得名。约 38 种，多数生长在碱性盐湖。目前，国内外均有大规模人工培育，主要为钝顶螺旋藻、极大螺旋藻和印度螺旋藻 3 种。可食用，营养丰富，蛋白质含量高达 60%~70%。在自然水域，其大量繁殖会形成水华影响水质（图 3.1.2）。

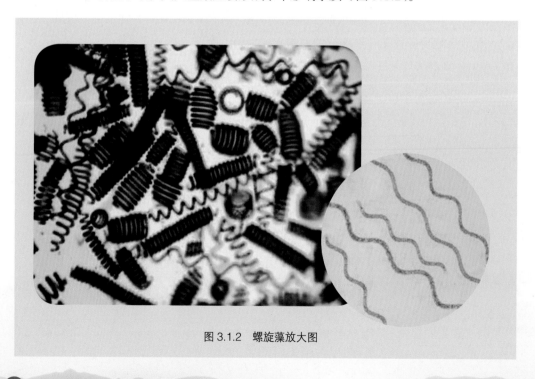

图 3.1.2 螺旋藻放大图

小球藻

小球藻隶属绿藻门，小球藻科。是一种球形单细胞或不定形群体的淡水藻类，直径 3~8 μm。目前，已知的小球藻约 10 种，加上其变种可达数百种之多。细胞内的蛋白质、脂肪和碳水化合物含量都很高，又含有多种维生素，可作为保健食品和优良饵料（图 3.1.3）。

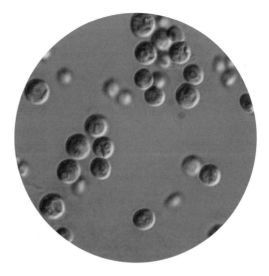

图 3.1.3　小球藻放大图

3. 水草

我们俗称的水草，是指水生植物，是指生理上依附于水环境，至少部分生殖周期发生在水体里的植物类群。水生植物有大型藻类和苔藓类非维管束植物，有蕨类及蕨类同源的低级维管束植物，有种子植物这类高等维管束植物，其中主要是高等维管束植物。

水生植物绝大部分生活在淡水中，小部分生活在海水或盐碱水体中。根据它们的生活类型，一般分为挺水植物、浮叶植物、沉水植物和漂浮植物 4 大类群。挺水植物是指根在泥土中，植株的茎或叶挺出水面的植物，如芦苇、莲、慈姑、荸荠、菖蒲、茭、水芹等。浮叶植物是指植株的根在泥土中，其大部分沉没于水中，叶片较宽阔，浮于水面，叶柄细长的植物，如睡莲、王莲、菱、莼菜等。沉水植物是指植株全部沉没于水中，水下开花或花期少部分茎叶伸出水面的植物，如金鱼藻、水车前、苦草、轮叶黑藻、穗状狐尾藻等。漂浮植物是指植株漂浮于水面，根悬垂于水中，有的仅有叶状体，无根的植物，如浮萍、无根萍、满江红、大藻、凤眼莲等。

4. 几种水草介绍

芦苇

芦苇，多年水生或湿生的高大禾本科植物，根状茎十分发达。秆直立，高 1~8 m，直径 1~4 cm，具 20 多节，基部和上部的节间较短，最长节间位于下部第四至第六节，长 20~40 cm，节下被蜡粉。叶片披针状线形，长 30 cm，宽 2 cm，无毛，顶端渐尖成丝形。圆锥花序大型，长 20~40 cm，宽约 10 cm。芦苇生于江河湖泽、池塘沟渠沿岸和低湿地，是全球广泛分布的多型种。在各种有水源的空旷地带，常以其迅速扩展的繁殖能力，形成连片的芦苇群落（图 3.1.4）。

芦苇可作造纸、建材等原料，根部可入药。芦苇群落所形成的良好湿地生态环境，可调节气候，涵养水源，为鸟类提供栖息、觅食、繁殖的环境等，具有重要的生态价值。

图 3.1.4　芦苇

香蒲

　　香蒲，香蒲科香蒲属的一个种，多年生水生或沼生草本植物，根状茎乳白色，地上茎粗壮，向上渐细，高 1.3~2 m。叶片条形，长 40~70 cm，宽 0.4~0.9 cm，光滑无毛，上部扁平，下部腹面微凹，背面逐渐隆起呈凸形，横切面呈半圆形，细胞间隙大，海绵状；叶鞘抱茎，雌雄花序紧密连接，果皮具长形褐色斑点。种子褐色，微弯。花果期在 5—8 月（图 3.1.5）。

　　香蒲生于湖泊、池塘、沟渠、沼泽及河流缓流带。研究表明，香蒲的生长对氮、磷有吸收作用，特别是对总磷有明显的吸收效果。

图 3.1.5　香蒲

菹草

菹草，眼子菜科，眼子菜属。单子叶
植物。多年生沉水草本植物。茎细长，茎
长 20~100 cm，有的可长至 200 cm，略扁
平，多分枝，侧枝短，节缢缩。叶互生，
呈披针形，叶长 3~9 cm，宽 4~8 cm，先
端钝圆，具叶托，无叶柄，基部近圆形或
狭，鲜绿色至黑绿色，边缘常皱褶呈波
状，叶中间是明显的粗壮中肋 1 条，其近
边缘的两侧有 1 条细脉与之平行，至叶先
端相会于中肋。花序穗状。秋季发芽，冬
春生长，4~5 月开花结果，至 6 月后逐渐
衰退腐烂，同时形成鳞枝（冬芽）以度过
不适环境。在水温适宜时再开始萌发生长
（图 3.1.6）。

菹草广泛分布于江河、湖泊、水库、
池塘和沼泽地。研究报道菹草对氮、磷有
很好的吸收作用。

苦草

苦草，单子叶植物纲，沼生目，花蔺
亚目、水鳖科，苦草属。苦草具匍匐茎，
径约 2 mm，白色，先端芽浅黄色。叶基
生，呈带形，长 20~200 cm，宽 0.5~2
cm，绿色或略带紫红色，常具棕色条纹
和斑点，先端圆钝，无叶柄；叶脉 5~9
条，雌雄异株，开花时挺出水面，花果期
7—10 月。苦草为多年生沉水草本，生于
溪沟、河流等环境之中。

研究表明，苦草能有效减少藻类的数
量，它的种植水也有高效的杀藻功能，而
且发现种植了苦草的底质中营养物向水中
释放的速率和数量都明显减少，在水体净
化中有明显的作用（图 3.1.7）。

图 3.1.6　菹草

图 3.1.7　苦草

豆瓣菜

豆瓣菜，十字花科豆瓣菜属的多年生水生草本植物，高 20~40 cm，全体光滑无毛，茎匍匐或浮水生，多分枝，节上生不定根。单数羽状复叶，小叶片 3~9 枚，宽卵形、长圆形或近圆形，顶端 1 片较大，钝头或微凹，近全缘或呈浅波状，基部截平，小叶柄细而扁，侧生小叶与顶生的相似，基部不等称，叶柄基部成耳状，略抱茎；总状花序顶生，花多数，萼片长卵形，花瓣白色，倒卵形或宽匙形，果柄纤细，花柱短，花期在 4—5 月，果期在 6—7 月。

豆瓣菜喜生水中，水沟边、山涧河边、沼泽地或水田中（图 3.1.8）。

图 3.1.8 豆瓣菜（左）

（三）水生态系统中的主要异养生物

1. 浮游动物

浮游动物是一类经常在水中营浮游生活，本身不能制造有机物的异养型无脊椎动物和脊椎动物幼体的总称。浮游动物的种类极多，包含了原生动物、腔肠动物、栉水母、轮虫、甲壳动物、腹足动物、高等的脊椎动物。它包括了阶段性浮游动物，如底栖动物的浮游幼虫和游泳动物（如鱼类）的幼仔、稚鱼等。一般淡水水体中的浮游动物主要指原生动物、轮虫、枝角类、桡足类几类动物。

2. 几类浮游动物的介绍

原生动物

这是动物界最原始、最低等的单细胞动物。动物中除了原生动物，其余的多细胞动物被称为后生动物。作为动物，原生动物是最原生的，因为它只是一个细胞，但作为细胞，它是最复杂的，因为它的细胞内有特化的各种胞器，具有维持生命和延续后代所必需的一切功能，如行动、营养、呼吸、排泄和生殖等，每个原生动物都是一个完整的有机体。原生动物在水生生态系统中是最初级的消费者，同时，它们在提供食源、促进物质循环等方面均有积极作用。此外，原生动物是净化水质、污水处理和水质监测的指示动物。

原生动物体形微小，大小一般在几微米到几十微米之间，需要借助显微镜才能看到。原生动物分布广，自由生活的种类广泛存在于淡水、海水及潮湿的土壤中，如草履虫、变形虫、眼虫等（图3.1.9）。

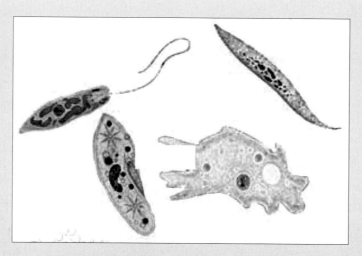

图 3.1.9 原生动物 眼虫、草履虫、变形虫、锥虫（从左到右）

轮虫

　　轮虫是轮形动物门的一群小型多细胞动物。多数轮虫身体由头、躯干和足三部分组成。轮虫的主要特征是具有头冠、咀嚼囊和原肾管。轮虫的头冠是头部前端 1~2 圈纤毛组成的轮盘，纤毛不停地运动形如车轮，故称轮虫。轮虫绝大多数生活在淡水中，是淡水浮游动物的主要组成部分，轮虫广泛分布于湖泊、池塘、江河、近海等各类水体中，甚至潮湿土壤和苔藓丛中也有它们的踪迹。轮虫一般体长 0.1~0.5 mm，最大不超过 1.0 mm。大多数轮虫是滤食性的，以水体中的细菌、微型藻和有机碎屑为食。轮虫主要以孤雌生殖进行繁殖，因其极快的繁殖速率，生产量很高，在生态系结构、功能和生物生产力的研究中具有重要意义。轮虫是大多数经济水生动物幼体的开口饵料。在渔业生产上有颇大的应用价值。轮虫也是一类指示生物，在环境监测和生态毒理研究中被普遍采用。常见的轮虫有萼花臂尾轮虫、晶囊轮虫、褶皱臂尾轮虫等。

　　轮虫有隐生的特性。环境条件恶化，如水体干涸，温度不适宜时，可产生休眠卵，多沉浸于水底，混杂于泥沙上，密度较大，多的可达每平方米几万到几百万粒。当环境适宜时又复苏，休眠卵萌发生长，进入隐生必须缓慢干燥若干天（图 3.1.10）。

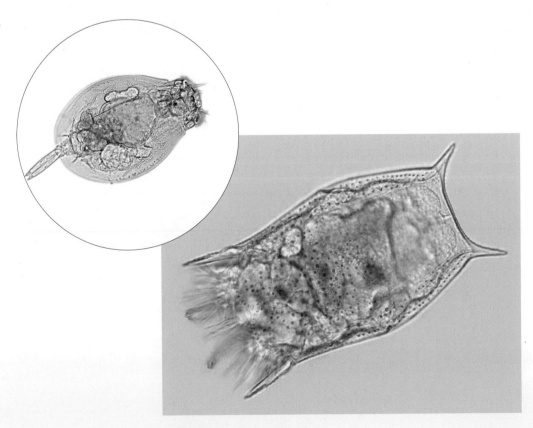

图 3.1.10　轮虫（摘自 Wikipedia）

枝角类

枝角类又简称"溞类"，水溞，俗称红虫，属无脊椎动物，节肢动物门，甲壳纲，鳃足亚纲，枝角目。枝角类身体短小，体长通常为 0.2~10 mm，多数种类体长 1~3 mm，大型溞可达到 4.2 mm。躯体分头部和躯干部。广泛分布于淡水，少数产于海洋，是水体浮游动物的主要组分。枝角类大多为滤食性，滤食细菌、单细胞藻类、有机碎屑等微小颗粒。此外，还有猎食性种类，如薄皮溞等，主要捕食原生动物，轮虫和小型甲壳动物。枝角类是鱼类的天然饵料，俗称"鱼虫"，是金鱼、锦鲤等观赏鱼类的优良饵料。枝角类对水体有净化作用，也是污水毒性试验的良好材料，同时也可作为污水的监测生物（图 3.1.11）。

枝角类的生殖方式有孤雌生殖和有性生殖两种方式，主要营孤雌生殖，也称单性生殖，它所产生的卵为夏卵，卵膜薄而柔软，这种卵不需要受精就能发育，故名非需精卵，是在温暖季节和正常生活环境中进行的。当环境条件不适宜时，如种群数量过于密集、食物供应不足、水温较低等，单性生殖所产的夏卵中有一部分发育成为雌体，另一部分夏卵则发育成雄体，雌雄体这时营两性生殖。雌雄体经交配后，仅产生一两个或数个大的冬卵（也称休眠卵或滞育卵），绝大多数种类产生的冬卵必须受精才能发育，称需精卵。冬卵因有厚壁或卵鞍的保护，能抵抗恶劣环境，保护种族繁衍。冬卵在经受寒冷、干涸等恶劣环境后，当环境改善时，即会发育成为孤雌生殖雌体。

季节的环境变化对枝角类的影响很大，一方面会使种类组成和数量分布发生变化，另一方面会使生殖方式发生变化（进行孤雌生殖或有性生殖）。水温的变化可使少数淡水种类（如溞属）的头部形态发生变异，由圆头变为尖头。这种现象称为周期变态。常见的枝角类有大型溞、长刺溞、隆线溞、蚤状溞、裸腹溞等。

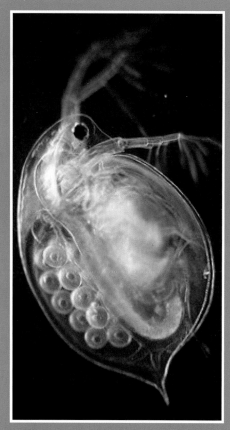

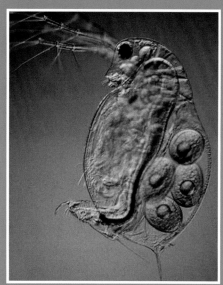

图 3.1.11　枝角类（摘自 Wikipedia）

图 3.1.12　桡足类

桡足类

桡足类，属于节肢动物门、甲壳纲、桡足亚纲，体长一般为 1~3 mm，最大可达 13 mm，分节明显。大多数桡足类营浮游生活，广泛分布于海洋、淡水或半咸水中，绝大多数生活于海洋，是水域食物链中的一个重要环节。桡足类有滤食性，捕食性和杂食性三种摄食方式。营自由生活的桡足类一般摄食浮游植物，而本身又是很多水生动物的主要摄食对象，很多经济鱼类（如鲱鱼、鲭鱼等）和一切幼鱼都直接或间接摄食浮游桡足类。但也有些种类易寄生于鱼类的鳃、皮肤和肌肉中，引起鱼类疾病。桡足类一般行两性生殖，能形成休眠卵以度过不良环境（图 3.1.12）。

这种微小的桡足类问鼎世界上最强跳跃者头衔。在水中跳跃时，它们每秒的前进距离最远可达到身长的 500 倍。桡足动物拥有两套不同的推进系统，一个用于跳跃，另一个用于游泳，并且都能让它们微小的腿部产生巨大力量，它们用于跳跃的肌肉不同于用于游泳的肌肉，能够在短时间内让所能产生的力量实现最大化。常见的桡足类有真剑水蚤、剑水蚤、大剑水蚤、中剑水蚤等。

3. 底栖动物

底栖动物是指生活史的全部或大部分时间生活于水体底部的水生动物类群。它们栖息的形式一般是固着于岩石等坚硬的基质上，埋没于泥沙等松软的基底中，附着于植物或其他底栖动物的体表或栖息在潮间带。大多底栖动物长期生活在底泥中，具有区域性强，迁移能力弱等特点，对于环境污染及变化回避能力弱，其群落的破坏和重建需要相对较长的时间；不同种类底栖动物对环境条件的适应性及对污染等不利因素的耐受力和敏感程度不同。因此，利用底栖动物的种群结构、优势种类、数量等参量可以反映水体的质量状况。

底栖动物是一个庞杂的生态类群，常见的底栖动物有软体动物门的腹足纲的螺和瓣鳃纲的蚌、河蚬等；环节动物门寡毛纲的水丝蚓、尾鳃蚓等，蛭纲的舌蛭、泽蛭等，多毛纲的沙蚕；节肢动物门昆虫纲的摇蚊幼虫、蜻蜓幼虫、蜉蝣目稚虫等，甲壳纲的虾、蟹等；扁形动物门涡虫纲的涡虫等。

4. 几种底栖动物介绍

中华圆田螺

中华圆田螺属软体动物门，腹足纲，中腹足目，田螺科，圆田螺属动物，是有一个封闭的壳，可以完全缩入其中以得保护的腹足类动物中的一种，以宽大的肌肉质足在水底爬行。中华圆田螺中型个体，40~60 mm，宽约25~40 mm。贝壳近宽圆锥形、具6~7个螺层，每个螺层均向外膨胀。螺旋部的高度大于壳口高度，体螺层明显膨大。壳顶尖，缝合线较深，壳面无滑无肋，呈黄褐色。壳口近卵圆形，边缘完整、薄，具有黑色框边及同心圆花纹，厣核位于内唇中央。头部发达，为感觉和摄食中心，雄性右触角粗短。为交配器，雄性生殖孔位于顶端，据此可从外形区分雌雄。

中华圆田螺在我国各淡水水域均有分布，它们喜欢生活在冬暖夏凉、底质松软、饵料丰富、水质清新的水域中，特别喜欢群集在微流水的地方，其食性杂，主要吃水生植物嫩茎叶、有机物碎屑等，并且田螺喜欢夜间活动和摄食（图3.1.13）。

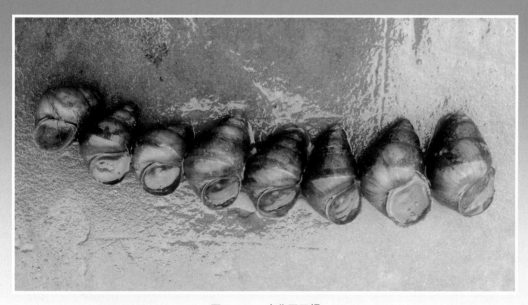

图 3.1.13 中华圆田螺

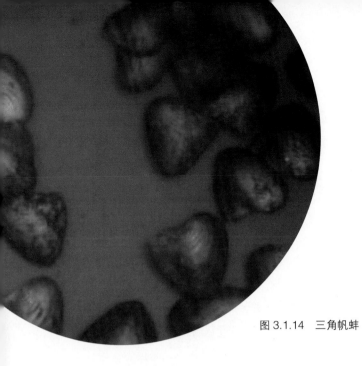

图 3.1.14　三角帆蚌

三角帆蚌

　　三角帆蚌俗称河蚌、珍珠蚌、淡水珍珠蚌。属软体动物门，双壳纲、蚌科、帆蚌属。壳大而扁平，壳面黑色或棕褐色，厚而坚硬，长近 20 cm，后背缘向上伸出一帆状后翼，使蚌形呈三角状，雌雄异体。三角帆蚌栖息于浅滩泥质底或浅水层中，营埋栖生活，靠伸出斧足来活动。它是属被动摄食的动物，借外界进入体内的水流所带来的食物为营养，其食性主要以小型浮游生物为主，也滤食细小的动植物碎屑（图 3.1.14、图 3.1.15）。

　　三角帆蚌是我国特有的河蚌资源，又是育珠的好材料。用它育成的珍珠质量好，80~120 个蚌可育成无核珍珠 500 g，还可育有核珍珠、彩色珠、夜明珠等粒大晶莹夺目的名贵珍珠。肉可食；肉及壳粉可作家畜、家禽的饲料。珍珠及珍珠层粉具有泻热定惊、防腐生肌、明目解毒、止咳化痰等功能，是 20 多种中成药的主要成分，可用于治疗多种疾病，并有嫩肤美白的特殊作用。在天然水体的蚌生长较慢，但在人工育珠中，三角帆蚌生长速度快，一龄蚌体长可达 50~70 mm，二 龄蚌可达 80~100 mm 。因此，一至二龄的幼蚌可以进行植珠手术操作，所育珍珠生长速度也较快。成年的三角帆蚌，体长为 160~200 mm ，在其外套膜上往往可插植 2 mm 以上的大珠核，可培育出 8 mm 以上的大型有核珍珠。

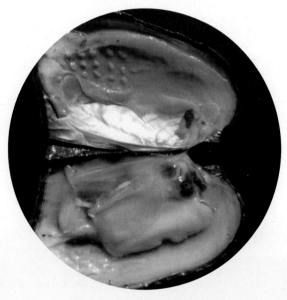

图 3.1.15　三角帆蚌及其珍珠

水丝蚓

水丝蚓，又叫红线虫，属环节动物门、寡毛纲、近孔寡毛目、颤蚓科、水丝蚓属。体细长，长5~6 cm。红褐色，后端黄绿色，末端每侧有血管四条，形成血管网，营呼吸作用。通常每节有刚毛四束。水丝蚓是淡水中常见的底栖动物，多生活在含有机质、腐殖质较多的污水沟、排水口等处，是一些特种水产养殖对象在苗种阶段的优质饵料（图3.1.16、图3.1.17）。

图3.1.16 水丝蚓群体

日本沼虾

日本沼虾，俗称河虾，属节肢动物门，甲壳纲，十足目，长臂虾科，沼虾属，广泛分布于我国江河、湖泊、水库和池塘中。日本沼虾体形粗短，分头胸部和腹部两部分，头胸部较粗大，往后渐次细小，腹部后半部显得更为狭小。因日本沼虾体色青蓝并有棕绿色斑纹，故人们常称之为青虾（图3.1.18）。

日本沼虾杂食性，喜食小型动物，也食水生植物或有机碎屑；喜集群、有趋弱光性。雄虾钳大，紫蓝色，雌性钳小，个体小些。其壳薄，在溪流清水中生活时壳呈透明色，也有黄锈色，在河流中一般为玉白色。日本沼虾中很重要的一种物质是虾青素，就是表面红颜色的成分，虾青素是目前发现的最强的一种抗氧化剂，颜色越深说明虾青素含量越高，广泛用在化妆品、食品添加以及药品中。

图3.1.17 单个水丝蚓

图3.1.18 日本沼虾

中华绒螯蟹

中华绒螯蟹，俗称河蟹、大闸蟹，属节肢动物门、甲壳纲、十足目、弓蟹科、绒螯蟹属，广泛分布于我国南北沿海各地湖泊中。中华绒螯蟹的螯足用于取食和抗敌，掌部内外缘密生绒毛，绒螯蟹因此而得名。杂食性动物，取食水生植物、鱼、虾、螺、蚌、蠕虫、蚯蚓、昆虫及其幼虫等（图3.1.19、图3.1.20）。

中华绒螯蟹栖于淡水湖泊河流，但在河口半咸水水域繁殖。每年6—7月间新生幼蟹溯河进入淡水后，在江河、湖泊的岸边生长。当年幼蟹体重可达50~70 g，最大可达150 g，且性腺成熟，可与二龄蟹一起参加生殖洄游。自10月中下旬（寒露、霜降时节），大部分中华绒螯蟹性腺成熟，它们离开江河、湖泊向河口浅海作生殖洄游。11月上旬（立冬）后群集于河口浅海交汇处的半咸水域，开始交配繁殖。

图 3.1.19　中华绒螯蟹

图 3.1.20　中华绒螯蟹（视头部）

5. 鱼类

鱼类是终年生活在水中，用鳃呼吸，用鳍辅助身体平衡与运动的变温脊椎动物。世界上鱼的种类约20 000余种，我国鱼的种类约3 000种，其中淡水鱼类1 000多种，海水鱼类2 100余种。

一般情况下，鱼类是水生态系统中的顶级群落，是大多数情况下人们的渔获对象。在水生态系统中，鱼类处于消费者的位置，是初级消费者或次级消费者，从而形成食物链、食物网。鱼类的类群多样性、相互之间关系的复杂性对其他类群的存在和丰度起着重要作用，影响着系统的能量流动和物质循环过程。通常情况来说，水生态系统内鱼类丰富度越高，系统越稳定。

我们常见的有淡水"四大家鱼"（青鱼、草鱼、鲢鱼、鳙鱼）和鲤鱼、鲫鱼、罗非鱼、金鱼、鲇鱼；有海洋的带鱼、大黄鱼、大马哈鱼等。

6. 几种鱼类介绍

鲢鱼

鲢鱼，又叫白鲢，属于鲤形目，鲤科（图3.1.21）。体形侧扁、稍高，呈纺锤形，眼下位，背部青灰色，两侧及腹部白色，胸鳍不超过腹鳍基部，各鳍色灰白，鳞片细小，腹部正中角质棱自胸鳍下方直延达肛门（图3.1.22）。鳃耙特化，愈合成一半月形海绵状过滤器。鲢鱼性急躁，善跳跃。

鲢鱼属中上层鱼。春夏秋三季，绝大多数时间在水域的中上层游动觅食，冬季则潜至深水越冬。鲢鱼、鳙鱼都是滤食性鱼类，其特殊的上唇短、下唇长的地包天口腔结构表明它们不具备像鲤鱼那样在底层拣食或拱土取食的能力，平日里它们主要以食水生浮游动植物为生，取食时通过将含有食物的水喝进去，通过鳃耙将食物过滤下来，水则从鱼鳃排出。鲢鱼的鳃耙很细密，主要滤食水生藻类等浮游植物。

图3.1.21　鲢鱼

图3.1.22　鲢鱼腹部特征

鳙鱼

鳙鱼，又叫花鲢、胖头鱼，属于鲤形目，鲤科（图 3.1.23）。鳙鱼跟鲢鱼很相似，但它体形偏扁，较高，体侧有许多不规则黑色斑点，腹部在腹鳍基部之前较圆，其后部至肛门前有狭窄的腹棱（图 3.1.24）。鳙鱼头极大，前部宽阔，头长大于体高。口大，口裂向上倾斜，下颌稍突出。鳃耙数目很多，呈页状，排列极为紧密，但不连合。

鳙鱼的鳃耙排列比鲢鱼稀，滤水快，主要滤食轮虫、枝角类、桡足类等浮游动物，也滤食部分浮游植物，也是典型的浮游生物食性的中上层鱼类。

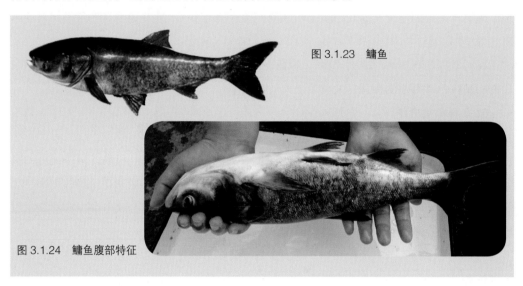

图 3.1.23　鳙鱼

图 3.1.24　鳙鱼腹部特征

鲤鱼

鲤鱼，身体侧扁而腹部圆，口呈马蹄形，须 2 对。背鳍基部较长，背鳍和臀鳍均有一根粗壮带锯齿的硬棘。鲤鱼属于杂食性鱼类，荤素兼食（图 3.1.25）。

鲤鱼，在中国人的心目中象征着勤劳、善良、坚贞、吉祥。鲤鱼是我国流传最广的吉

图 3.1.25　鲤鱼

祥物，在传统年画中，常常有"男孩身穿红肚兜身骑活蹦乱跳的大鲤鱼"，"击磬童子与持鲤鱼童子相戏舞"等构成的图案。在诗词中，鲤跃龙门、孔鲤过庭、琴高乘鲤、涌泉跃鲤和卧冰求鲤等，体现了一种独特的鲤鱼文化。"鲤鱼跳龙门"比喻中举、升官等飞黄腾达之事，也比喻逆流前进，奋发向上，是我国应用最广泛的吉祥图案，也是传统年画中的常见题材，代代相传。

匙吻鲟

匙吻鲟，又名美国匙吻鲟，及"密西西比河的匙吻鲟"，生活在密西西比河缓慢流动水域。匙吻鲟的显著特点是吻呈扁平桨状，特别长。鱼的体表光滑无鳞，背部黑蓝灰色，有一些斑点在其间，体侧有点状赭色，腹部白色。个体大，这种大型淡水鱼可以长到220 cm，重达90 kg以上。匙吻鲟被认为使用其桨型吻里的感应器检测猎物，以及在迁徙到产卵地时用以导航。匙吻鲟主要以浮游动物，也以甲壳类和双壳类生物为食。匙吻鲟是目前世界上匙吻鲟科仅存的两属两种之一，另一种为生活在中国长江的白鲟，后者几近灭绝。美国于20世纪60年代开始人工养殖，我国自1988年从美国引进，现已成功地人工育苗和开始推广生产（图3.1.26）。

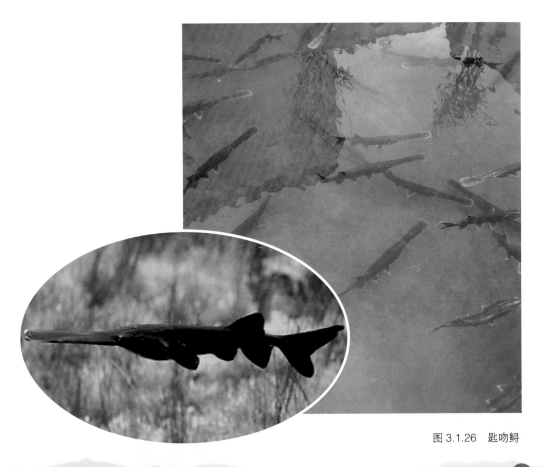

图 3.1.26 匙吻鲟

图 3.1.27　鲸鲨（引自美国《国家地理》）

鲸鲨

说起世界上最大的鱼，可能有人会说是蓝鲸，其实蓝鲸是属于哺乳动物，严格来说，鱼最大的应该是鲸鲨。鲸鲨是鲸鲨科鲸鲨属的唯一种，属于大洋性鱼类，是世界上最大的鱼类。身体庞大，一般 10 m 左右，最大者可达 20 m。鲸鲨体表散布淡色斑点与纵横交错的淡色带，鼻孔位于上唇的两侧，出现于口内。牙多而细小，排成多行。鳃裂 5 对，背鳍 2 个，无棘，尾柄具侧棱，尾鳍呈新月形，口宽，端位，鳃耙如海绵状，滤食大量浮游生物和小型鱼类。

（四）水生态系统中的微生物作用

在生态系统中，分解者是一个不可缺少和不可替代的成分。动、植物的残骸由分解者作用后将其中的各种物质转换成无机物后归还到无机环境中，分解者起着维持生态系统物质循环的作用。

分解者主要包括营腐生生活的细菌、放线菌、真菌等各类微生物，通过分解动、植物残骸中的多糖、蛋白质、核酸、脂类等物质，获得个体生存的能源和营养物质，同时将动、植物残骸分解、清除掉，最终将其中的各类物质以不同的形式归还到环境中，促进了物质的循环。

二、阿哈水库生物种类多样性及其分类地位

生物多样性一般指各种生命形式的多样性，是生物及其与环境形成的生态复合体以及与此相关的各种生态过程的总和，生物多样性对一个生态系统的稳定有着特别的意义。物种的多样性是生物多样性的关键，它既体现了生物之间及环境之间的复杂关系，又体现了生物资源的丰富性。研究人员通过对阿哈水库的物种多样性的系统调查，获得了一些富有成效的研究结果。阿哈水库鱼类、水生植物、浮游生物、底栖生物等水生生物的物种多样性。通过实地采样、走访调查等方式对阿哈水库的鱼类资源进行调查，调查到的结果显示，阿哈水库目前有鱼类 13 种，隶属 5 目 6 科 12 属。详见表 3.2.1 和图 3.2.1、图 3.2.2、图 3.2.3。

表 3.2.1　阿哈水库鱼类名录

序号	种	属	科	目	纲	门
1	鲢鱼 *Hypophthalmich-thys molitrix*	鲢属 *Hypophthal-michthys*				
2	鳙鱼 *Hypophthalmich-thys nobilis*					
3	马口鱼 *Opsariicjthys bidens*	马口鱼属 *Opsariicjthys*				
4	鲤鱼 *Cyprinus carpio*	鲤属 *Cyprinus*	鲤科 Cyprinidae	鲤形目 Cypriniformes	硬骨鱼纲 Osteichthyes	脊索动物门 Chordata
5	鲫鱼 *Carassius auratus*	鲫属 *Carassius*				
6	草鱼 *Ctenopharyngodon idellus*	草鱼属 *Ctenopharyn-godon*				
7	白鲦鱼 *Hemiculter leucis-culus*	鲦属 *Hemiculter*				
8	鳑鲏 *Rhodeus bitterlings*	鳑鲏属 *Rhodeus*				

（续表）

序号	种	属	科	目	纲	门
9	泥鳅 *Misgurnus anguillicaudatus*	泥鳅属 *Misgurnus*	鳅科 Cobitidae	鲤形目 Cypriniformes	硬骨鱼纲 Osteichthyes	脊索动物门 Chordata
10	虾虎鱼 *Eucyclogobius newberryi*	虾虎鱼属 *Eucyclogobius*	虾虎鱼科 Gobiidae	鲈形目 Perciformes		
11	黄颡鱼 *Pelteobagrus fulvidraco*	黄颡鱼属 *Pelteobagrus*	鲿科 Bagridae	鲇形目 Siluriformes		
12	食蚊鱼 *Gambusia affinis*	食蚊鱼属 *Gambusia*	花鳉科 Poeciliidae	鳉形目 Cyprinodontiformes		
13	黄鳝 *Monopterus albus*	黄鳝属 *Monopterus*	合鳃鱼科 Synbranchidae	合鳃鱼目 Synbgranchiformes		

鲢鱼
Hypophthalmichthys molitrix

鳙鱼
Hypophthalmichthys nobilis

马口鱼
Opsariicjthys bidens

鲤鱼
Cyprinus carpio

图 3.2.1　鲢鱼、鳙鱼、马口鱼和鲤鱼外形

鲫鱼

Carassius auratus

草鱼

Ctenopharyngodon idellus

泥鳅

Misgurnus anguillicaudatus

虾虎鱼

Eucyclogobius newberryi

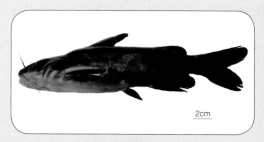

黄颡鱼

Pelteobagrusfulvidraco

食蚊鱼

Gambusia affinis

黄鳝

Monopterus albus

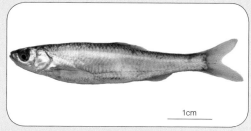

白鲦鱼

Hemiculter leucisculus

图 3.2.2　常见的 8 种鱼外形

鳑鲏（雌性）
Rhodeus sinensis

鳑鲏（雄性）
Rhodeus sinensis

图 3.2.3　鳑鲏雌雄性外形

2. 水生植物

阿哈水库水生植物有 23 种，隶属 2 门 3 纲 12 目 17 科 21 属。详见表 3.2.2 和图 3.2.4、图 3.2.5、图 3.2.6、图 3.2.7、图 3.2.8、图 3.2.9、图 3.2.10。

表 3.2.2　阿哈水库鱼类名录

序号	种	属	科	目	纲	门
1	穗状狐尾藻 *Myriophyllum spicatum* L.	狐尾藻属 *Myriophyllum*	小二仙草科 Haloragaceae	虎耳草目 Saxifragales	双子叶植物纲 Dicotyledoneae	被子植物门 Angiospermae
2	金鱼藻 *Ceratophyllum demersum* L.	金鱼藻属 *Ceratophyllum*	金鱼藻科 Ceratophyllaceae	毛茛目 Ranunculales		
3	莲 *Nelumbo uncifera* Gaertn.	莲属 *Nelumbo*	睡莲科 Nymphaeaceae			
4	绵毛酸模叶蓼 *Polygonum lapathifolium* L. var. *salicifolium* Sibth.	蓼属 *Polygonum*	蓼科 Polygonaceae	石竹目 Caryophyllales		
5	羊蹄 *Rumex japonicus* Houtt.	酸模属 *Rumex*				
6	喜旱莲子草 *Alternanthera philoxeroides* (Mart.) Griseb.	莲子草属 *Alternanthera*	苋科 Amaranthaceae			
7	沼生蔊菜 *Rorippa islandica* (Oed.) Borb.	蔊菜属 *Rorippa*	十字花科 Cruciferae	白花菜目 Capparales		
8	豆瓣菜 *Nasturtium officinale* R. Br.	豆瓣菜属 *Nasturtium*				

（续表）

序号	种	属	科	目	纲	门
9	水芹 *Oenanthe javanica* (Bl.) DC.	水芹属 *Oenanthe*	伞形科 Umbelliferae	伞形目 Umbellales	双子叶植物纲 Dicotyledoneae	
10	菖蒲 *Acorus calamus* L.	菖蒲属 *Acorus*	天南星科 Araceae	天南星目 Arales		
11	浮萍 *Lemna minor* L.	浮萍属 *Lemna*	浮萍科 Lemnaceae			
12	宽叶香蒲 *Typha latifolia* L.	食蚊鱼属 *Gambusia*	花鳉科 Poeciliidae	鳉形目 Cyprinodon-tiformes		
13	慈姑 *Sagittaria trifolia* (L.)var. *sinensis* (Sims) Makino	黄鳝属 *Monopterus*	合鳃鱼科 Synbranchidae	合鳃鱼目 Syn-bgranchiformes		
14	剪刀草 *Sagittaria trifolia* L. f. *longiloba* (Turcz.) Makino	慈菇属 *Sagittaria*	泽泻科 Alismataceae	泽泻目 Alismatales	单子叶植物纲 Monocotyle-doneae	被子植物门 Angiospermae
15	东方泽泻 *Alisma orientale* (Samuel.) Juz.	泽泻属 *Alisma*				
16	苦草 *Vallisneria spiralis* (Lour.) Hara	苦草属 *Vallisneria*	水鳖科 Hydrocharita-ceae			
17	菹草 *Potamogeton crispus* L.	眼子菜属 *Potamogeton*	眼子菜科 Potamogetona-ceae	沼生目 Helobiae		
18	眼子菜 *Potamogeton distinctus* A. Benn.					
19	大茨藻 *Najas marina* L.	茨藻属 *Najas*	茨藻科 Najadaceae			
20	鸭舌草 *Monochoria vaginalis*(Burm. f.) Presl	雨久花属 *Monochoria*	雨久花科 Pontederiaceae	百合目 Liliflorae		
21	芦苇 *Phragmites australis* (Cav.)Trin. ex Steud.	芦苇属 *Phragmites*	禾本科 Poaceae	禾本目 Poales		
22	菰（茭白）*Zizania latifolia* (Griseb.) Stapf	菰属 *Zizania*				
23	节节草 *Equisetum ramosissimum* Desf.	木贼属 *Equisetum*	木贼科 Equisetaceae	木贼目 Sphenopsida	木贼纲 Equisetopsida	蕨类植物门 Pteridophyta

穗状狐尾藻

（*Myriophyllum spicatum*）

菖蒲

（*Acorus calamus* L.）

苦草

［*Vallisneria spiralis* (Lour.)Hara］

绵毛酸模叶蓼

（*Polygonum lapathifolium* L. var. *salicifolium* Sibth.）

图 3.2.4　常见的 4 种水生植物之一

沼生蘑菜

[*Rorippa islandica* (Oed.) Borb.]

喜旱莲子草

[*Alternantheraphiloxeroides* (Mart.) Griseb.]

眼子菜

(*Potamogeton distinctus* A. Benn.)

眼子菜

(*Potamogeton distinctus* A. Benn.)

图 3.2.5 常见的 4 种水生植物之二

慈姑

［*Sagittaria trifolia* (L.)var. *sinensis* (Sims) Makino］

慈姑的花（生境）

鸭舌草

［*Monochoria vaginalis* (Burm. f.) Presl］

豆瓣菜

(*Nasturtium officinale* R. Br.)

图 3.2.6　常见的 4 种水生植物之三

东方泽泻

[*Alisma orientale* (Samuel.) Juz.]

大茨藻

(*Najas marina* L.)

羊蹄

(*Rumex japonicus* Houtt.)

节节草

(*Equisetum ramosissimum* Desf.)

图 3.2.7 常见的 4 种水生植物之四

水芹

［*Oenanthe javanica* (Bl.) DC.］

菹草

（*Potamogeton crispus* L.）

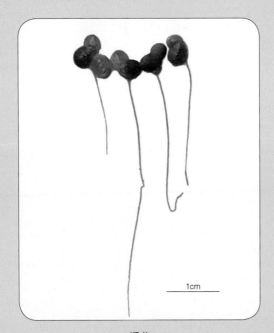

浮萍

（*Lemna minor* L.）

剪刀草

［*Sagittaria trifolia* L. f. *longiloba* (Turcz.) Makino］

图 3.2.8　常见的 4 种水生植物之五

莲

(*Nelumbo uncifera* Gaertn.)

宽叶香蒲　　　　　　　　　　　　菰（茭白）

(*Typha latifolia* L.)　　　　　　[*Zizania latifolia* (Griseb.) Stapf]

图3.2.9　水生植物莲、香蒲、菰

图 3.2.10 芦苇

[*Phragmites australis* (Cav.)Trin. ex Steud.]

3. 软体动物

对阿哈水库岸边底栖生物进行的调查显示，阿哈水库共有螺类 11 种，隶属 2 目 5 科 7 属，贝类 3 种，隶属 2 目 2 科 2 属。详见表 3.2.3 和图 3.2.11、图 3.2.12、图 3.2.13。

表 3.2.3 阿哈水库螺类、贝类名录

序号	种	属	科	目	纲	门
	螺类					
1	双旋环棱螺 *Bellamya dispiralis*	环棱螺属 *Bellamya*	田螺科 Viviparidae	中腹足目 Mesogastropoda	腹足纲 Gastropoda	软体动物门 Mollusca
2	方形环棱螺 *Bellamya quadrata*					
3	梨形环棱螺 *Bellamya purificata*					
4	德拉维环棱螺 *Bellamya delavayana*					
5	中华圆田螺 *Cipangopaludina cahayensis*	圆田螺属 *Cipangopaludina*				

（续表）

序号	种	属	科	目	纲	门
6	多棱角螺 *Angulyagra polyzonata*	角螺属 *Angulyagra*	田螺科 Viviparidae	中腹足目 Mesogastropoda	腹足纲 Gastropoda	软体动物门 Mollusca
7	福寿螺 *Pomacea canaliculata*	瓶螺属 *Pomacea*	瓶螺科 Ampullariidae			
8	方格短沟蜷 *Semisulcospira cancellata*	短沟蜷属 *Semisulcospira*	黑螺科 Melaniidae			
9	董拟沼螺 *Assiminea violacea*	拟沼螺属 *Assiminea*	拟沼螺科 Assimineidae			
10	琵琶拟沼螺 *Assiminea lutea*					
11	椭圆萝卜螺 *Radix swinhoei*	萝卜螺属 *Radix*		基眼目 Basommatophora		
	贝类					
12	背角无齿蚌 *Anodonta woodiana woodiana*	无齿蚌属 *Anodonta*	蚌科 Unionidae	蚌目 Unionoida	瓣鳃纲 Lamellibranchia	
13	球形无齿蚌 *Anodonta globosula*					
14	刻纹蚬 *Corbicula largillierti*	蚬属 *Corbicula*	蚬科 Corbiculidae	帘蛤目 Veneroida		

双旋环棱螺
Bellamya dispiralis

梨形环棱螺
Bellamya purificata

图 3.2.11　两种环棱螺

方形环棱螺

Bellamya quadrata

德拉维环棱螺

Bellamya delavayana

方格短沟蜷

Semisulcospira cancellata

中华圆田螺

Cipangopaludina cahayensis

多棱角螺

Angulyagra polyzonata

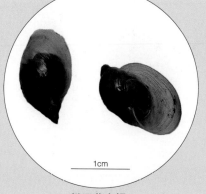

椭圆萝卜螺

Radix swinhoei

图 3.2.12　常见的 6 种螺

2cm

福寿螺

Pomacea canaliculata

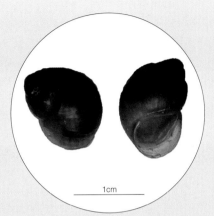

1cm

琵琶拟沼螺

Assiminea lutea

3cm

背角无齿蚌

Anodonta woodiana woodiana

2cm

球形无齿蚌

Anodonta globosula

3cm

刻纹蚬

Corbicula largillierti

图 3.2.13　福寿螺、拟沼螺和蚌蚬外形

4. 浮游生物

对阿哈水库浮游生物的定性结果显示，阿哈水库浮游动物共 42 种，隶属于 2 门 2 纲 4 目 14 科 24 属，具体分类如表 3.2.4；浮游藻类共 103 种，隶属于 8 门 11 纲 20 目 34 科 50 属，具体分类见表 3.2.5 和图 3.2.14、图 3.2.15、图 3.2.16、图 3.2.17、图 3.2.18、图 3.2.19、图 3.2.20、图 3.2.21、图 3.2.22、图 3.2.23、图 3.2.24、图 3.2.25。

表 3.2.4　阿哈水库浮游动物名录

序号	种	属	科	目	纲	门
1	长额象鼻溞 *B. Longirostris*(O. F. Müller)	象鼻溞属 *Bosmina*	象鼻溞科 Bosminidae	枝角目 Cladocera	甲壳纲 Crustacea	节肢动物门 Arthropoda
2	简弧象鼻溞 *B. coregoni* Baird	象鼻溞属 *Bosmina*	象鼻溞科 Bosminidae			
3	微型裸腹溞 *M. micrura* Kurz	裸腹溞属 *Moina*	裸腹溞科 Moinidae			
4	透明溞 *D. hyaline* Leydig	溞属 *Daphnia*	溞科 Daphniidae			
5	尖吻低额溞 *S. acutirostratys* (King)	低额溞属 *Simocephalus*				
6	角突网纹溞 *C. cornula* Sars	网纹溞属 *Ceriodaphnia*				
7	活泼泥溞 *I. agilis* Kurz	泥溞属 *Ilyocryptus*	粗毛溞科 Macrothricidae			
8	点滴尖额溞 *A. guttata* Sars	尖额溞属 *Alona*	盘肠溞科 Chydoridae			
9	隔齿尖额溞 *A. karua* King					
10	白色大剑水蚤 *M. albidus* Jurine	大剑水蚤属 *Macrocyclops*	剑水蚤科 Cyclopidae	剑水蚤目 Cyclopoida		
11	广布剑水蚤 *M. leuckarti*（Claus）	中剑水蚤属 *Mesocyclops*				
12	锯缘真剑水蚤 *E. serrulatus* Fischer	真剑水蚤属 *Eucyclops*				
13	近邻剑水蚤 *C. vicinus vicinus* Uijanin	剑水蚤属 *Cyclops*				
14	叶片剑水蚤 *C. vicinus lobosus* Kiefer					
15	透明温剑水蚤 *T. hyalinus*	温剑水蚤属 *Thermocyclops*				

（续表）

序号	种	属	科	目	纲	门
16	蒙古温剑水蚤 *T. mongolicus* Kiefer	温剑水蚤属 *Thermocyclops*	剑水蚤科 Cyclopidae	剑水蚤目 Cyclopoida	甲壳纲 Crustacea	节肢 动物门 Arthropoda
17	短尾温剑水蚤 *T. breuifurcatus* Harada					
18	绿色近剑水蚤 *T. prasinus* Fischer	近剑水蚤属 *Tropocyclops*				
19	短尾近剑水蚤 *T. prasinus* *breuiramus* Hsiao					
20	如愿真剑水蚤 *E. speratus*(Lilljeb- org)	真剑水蚤属 *Eucyclops*				
21	舌状叶镖水蚤 *P. tunguidus* Shen et Tai	叶镖水蚤属 *Phyllodiapto-* *mus*	镖水蚤科 Diaptominae	哲水蚤目 Calanoida		
22	长刺异尾轮虫 *T. longiseta* Schrank	异尾轮虫属 *Trichoterca*	鼠轮虫科 Trichocerci- dae	单巢目 Monogononta	轮虫纲 Rotatoria	袋形 动物门 Aschel- minthes
23	刺盖异尾轮虫 *T.capucina* （Wi- erzejski&Zacharias）					
24	真翅多肢轮虫 *P. euryptera* (Wier- zejski)	多肢轮虫属 *Polyarthra*	犹毛轮虫科 Synchaetidae			
25	针簇多肢轮虫 *P. trigla* Ehrenberg					
26	月形腔轮虫 *L.luna* (Müller)	腔轮属 *Lecane*	腔轮科 Lecanidae			
27	蹄型腔轮虫 *L. ungulata* (Gosse)					
28	囊形单趾轮虫 *M. bulla* Gosse	单趾轮属 *Monostyla*				
29	前节晶囊轮虫 *A. Priodonta* Gosse	晶囊轮虫属 *Asplanchna*	晶囊轮虫科 Asplanchni- dae			

（续表）

序号	种	属	科	目	纲	门
30	卜氏晶囊轮虫 *A. brightwelli* Goss	晶囊轮虫属 *Asplanchna*	晶囊轮虫科 Asplanchni-dae			
31	圆型臂尾轮虫 *B. rotundi formis*	臂尾轮虫属 *Brachionus*	臂尾轮虫科 Brachionidae	单巢目 Monogononta	轮虫纲 Rotatoria	袋形动物门 Aschel-minthes
32	萼花臂尾轮虫 *B. calyciflorus* pallas					
33	角突臂尾轮虫 *B. angulris* Gosse					
34	裂足臂尾轮虫 *B. diversicornis*					
35	剪形臂尾轮虫 *B. forficula* Wier-zejaki					
36	矩形臂尾轮虫 *B.leydigi* Cohn					
37	螺行龟甲轮虫 *K. cochlearis* Gosse	龟甲轮属 *Keratella*				
38	曲腿龟甲轮虫 *K. valga* Ehrenberg					
39	矩形龟甲轮虫 *K.* *Quadrata*(Müller)					
40	唇形叶轮虫 *N. labis* Gosse	叶轮属 *Notholca*				
41	鳞状叶轮虫 *N. squamula* (O.F.Müller)					
42	瓣状胶鞘轮虫 *C. ornata* (Ehren-berg)	胶鞘轮属 *Collotheca*	胶鞘轮科 Collotheci-dae			

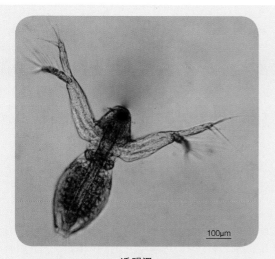

透明溞

D. hyaline Leydig

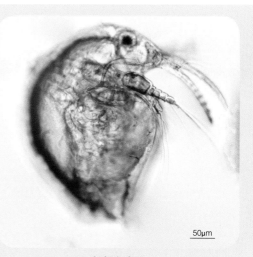

长额象鼻溞

B. Longirostris (O. F. Müller)

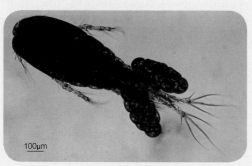

白色大剑水蚤

M. albidus Jurine

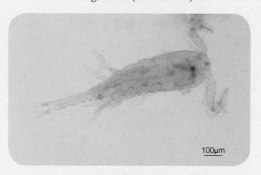

锯缘真剑水蚤

E. serrulatus Fischer

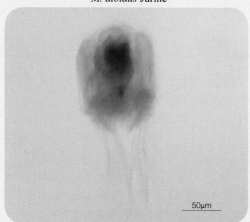

真翅多肢轮虫

P. euryptera (Wierzejski)

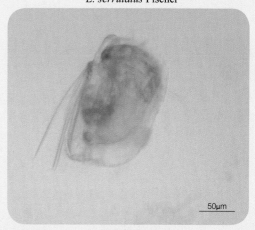

针簇多肢轮虫

P. trigla Ehrenberg

图 3.2.14　溞、水蚤和轮虫

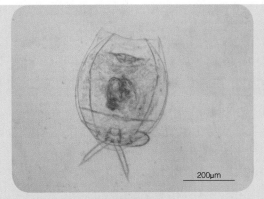

月形腔轮虫
L.luna (Müller)

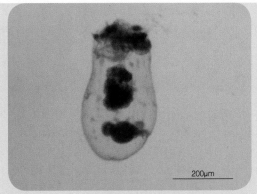

前节晶囊轮虫
A. Priodonta Gosse

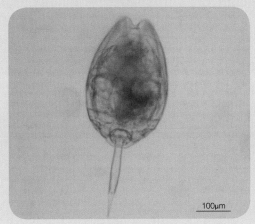

囊形单趾轮虫
M. bulla Gosse

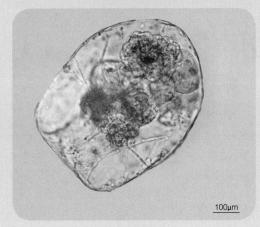

卜氏晶囊轮虫
A. brightwelli Goss

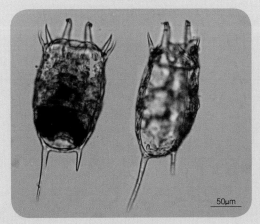

曲腿龟甲轮虫
K. valga Ehrenberg

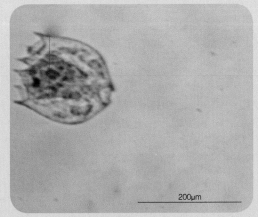

圆形臂尾轮虫
B. rotundi formis

图 3.2.15　各种轮虫放大图之一

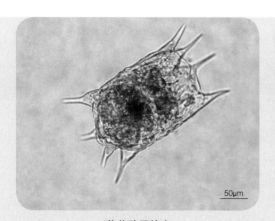

萼花臂尾轮虫

B. calyciflorus Pallas

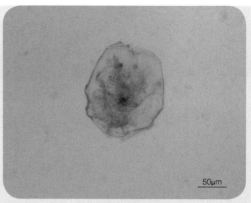

角突臂尾轮虫

B. angulris Gosse

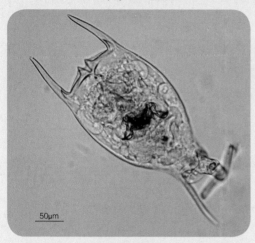

裂足臂尾轮虫

B. diversicornis

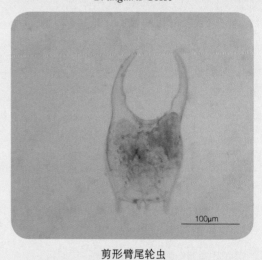

剪形臂尾轮虫

B. forficula Wierzejaki

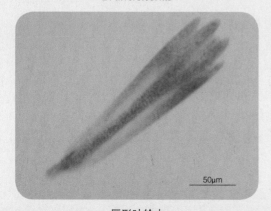

唇形叶轮虫

N. labis Gosse

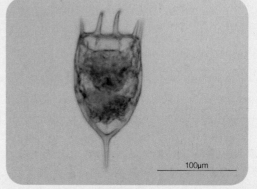

螺形龟甲轮虫

K. cochlearis

图 3.2.16 各种轮虫放大图之二

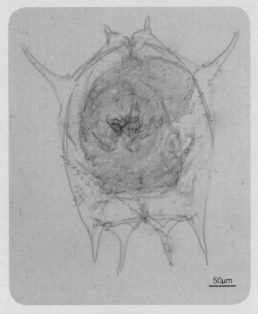

矩形臂尾轮虫
B.leydigi Cohn

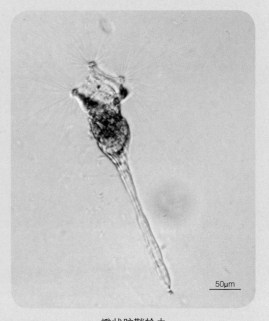

瓣状胶鞘轮虫
N. squamula (O.F.Müller)

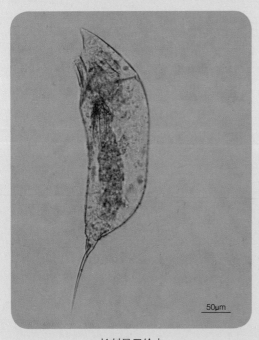

长刺异尾轮虫
T. longiseta Schrank

图 3.2.17　各种轮虫放大图之三

表 3.2.5　阿哈水库浮游藻类名录

序号	物种	属	科	目	纲	门
1	铜绿微囊藻 *M. aeruginosa* Kützing	微囊藻属 *Microcystis*	微囊藻科 Microcystaceae	色球藻目 Chroococcales	蓝藻纲 Cyanophyceae	蓝藻门 Cyanophyta
2	水华微囊藻 *M. flos-aquae* (wittr.) Kirchner					
3	铜绿微囊藻大型变种 *M. aeruginosa* var. *major* (Wittr.) G. M. Smith					
4	铜绿微囊藻小型变种 *M. aeruginosa* var. *minor* H. W. Liang					
5	中华平裂藻 *M. sinica* Ley.	平裂藻属 *Merismopedia*	平裂藻科 Merismopediaceae			
6	旋折平裂藻 *M. convoluta* Bréb.					
7	巴纳隐球藻 *A. banaresensis* Bharadvaja	隐球藻属 *Aphanocapsa*				
8	膨胀色球藻 *C. turgidus* (Kütz.) et Näg	色球藻属 *Chroococcus*	色球藻科 Chroococcaceae			
9	湖沼色球藻 *C. limneticus* Lemm.					
10	易变色球藻 *C. varius* A. Br. Rabenhorst.					
11	米德鱼腥藻 *A. minderi* Huber-Pestalozzi	鱼腥藻属 *Anabaena*	念珠藻科 Nostocaceae	念珠藻目 Nostocales		
12	类颤鱼腥藻 *A. oscillarioides* Bory.					
13	水华鱼腥藻 *A. flos-aguae* (Lyngb.) Bréb.					
14	水华束丝藻 *A. flos-aqune* (L.) Ralfs.	束丝藻属 *Aphanizomenon*				

（续表）

序号	物种	属	科	目	纲	门
15	泥泞颤藻 *O. limosa* Ag.	颤藻属 *Oscillatoria*	颤藻科 Oscillatoriaceae			
16	巨颤藻 *O. princeps* Vauch. ex Gom.					
17	给水颤藻 *O. irrigua* (Kütz.) Gomont Monogr. Oscill			颤藻目 Oscillatoriales	蓝藻纲 Cyanophyceae	蓝藻门 Cyanophyta
18	弱细颤藻 *O. tenuis* Ag.					
19	小席藻 *P. tenue*	席藻属 *Phormidium*	席藻科 Phormidiaceae			
20	粗壮席藻 *P. valderianum* (Delp.) Gom.					
21	胶质席藻 *P. gelatinosum* Woronichin					
22	渐细席藻 *P. attenuatum* (Fritsch.)Angan. et Kom.					
23	啮蚀隐藻 *Cr. erosa* Ehr.	隐藻属 *Cryptomonas*	隐鞭藻科 Cryptomonadaceae	隐鞭藻目 Cryptophyles	隐藻纲 Cryptophyceae	隐藻门 Cryptophyta
24	卵形隐藻 *Cr. ovata* Ehr.					
25	尖尾蓝隐藻 *C. acuta* Uterm	蓝隐藻属 *Chroomonas*				
26	具尾蓝隐藻 *C. caudata* Geitler					
27	扁形膝口藻 *G. depressum*	膝口藻属 *Gonyostomum*	绿胞藻科 Chloromonadaceae	绿胞藻目 Chloromonadales	绿胞藻纲 Chloromonadaphyceae	黄藻门 Xanthophyta
28	黄丝藻 *Tribonema.sp*	黄丝藻属 *Tribonema*	黄丝藻科 Tribonematacae	黄丝藻目 Tribonematales	黄藻纲 Xanthophyceae	

（续表）

序号	物种	属	科	目	纲	门
29	圆筒锥囊藻 *D. cylindricum* Imhof	锥囊藻属 *Dinobryon*	棕鞭金藻科 Ochromonada- ceae	金胞藻目 Chrysomonad- ales	金藻纲 Chrysophyceae	金藻门 Chrysophyta
30	长锥形锥囊藻 *D. bavaricum* Imhof					
31	分歧锥囊藻 *D. divergens* Imhof					
32	密集锥囊藻 *D. sertularia* Ehren- berg					
33	单角盘星藻 *P. simplex* Meyen	盘星藻属 *Pediastrum*	水网藻科 Hydrodictya- ceae			
34	单角盘星藻对突变 种 *P. simplex* var. *echi- nulatum* Wittr.					
35	单角盘星具孔变种 *P. simplex* var. *duodenarium* (Bail.) Rabenhorst					
36	二角盘星藻 *P. duplex* Meyen					
37	短棘盘星藻 *P. boryanum* (Turp.) Meneghini			绿球藻目 Chlorococcales	绿藻纲 Chlorophyceae	绿藻门 Chlorophyta
38	双对栅藻 *S. bijuga*(Turp.) Lagerheim	栅藻属 *Scenedesmus*	栅藻科 Scenedesmaceae			
39	四尾栅藻 *S. quadricauda* （Turp.）　Bréb					
40	光滑栅藻 *S. ecornis* (Ehr.) Chod.					
41	双棘栅藻 *S. bicaudatus* Dedus					
42	四棘栅藻 *S. quadrispina* Chod.					

阿哈水库
水资源保护和生物治理

（续表）

序号	物种	属	科	目	纲	门
43	纤毛顶棘藻 *C. ciliata*(Lag.) lemmermann	顶棘藻属 *Chodatella*	小球藻科 Chlorellaceae	绿球藻目 Chlorococcales	绿藻纲 Chlorophyceae	绿藻门 Chlorophyta
44	盐生顶棘藻 *C. subsalsa* Lemmermann					
45	小球藻 *C. vulgaris* Beijerinck	小球藻属 *Chlorella*				
46	微小四角藻 *T. minimum* (A. Braun)Hansgirg	四角藻属 *Tetraedron*				
47	小孢空星藻 *C. microporum* Näg.	空星藻属 *Coelastrum*	空星藻科 Coelastraceae			
48	实球藻 *P. morum*(Müll.) Bory.	实球藻属 *Pandorina*	团藻科 Volvocaceae	团藻目 Volvocales		
49	空球藻 *E. Elegans* Ehr.	空球藻属 *Eudorina*				
50	美丽团藻 *V. aureus* Ehrenberg	团藻属 *Volvox*				
51	球团藻 *V. globator* (Linné.) Ehrenberg.					
52	盘藻 *G. pectorale* O. F. Müller	盘藻属 *Gonium*				
53	衣藻 *C. sp*	衣藻属 *Chlamydomonas*	衣藻科 Chlamydomonadaceae			
54	球衣藻 *C. globosa* Snow					
55	微球衣藻 *C. microsphaerella* Pascher et Jahoda					
56	叶衣藻 *L. sp*	叶衣藻属 *Lobomonas*				
57	项圈新月藻 *C. moniliforum* (Bory) Ehrenberg	新月藻属 *Closterium*	鼓藻科 Desmidiaceae	鼓藻目 Desmidiales	双星藻纲 Zygnematophyceae	

（续表）

序号	物种	属	科	目	纲	门
58	小新月藻 *C. venus* Kützing	新月藻属 *Closterium*	鼓藻科 Desmidiaceae	鼓藻目 Desmidiales	双星藻纲 Zygnematophy-ceae	绿藻门 Chlorophyta
59	纤细新月藻 *C. gracile* Brébisson					
60	棒形鼓藻 *G. monotaenium* De Bary	棒形鼓藻属 *Gonatozygon*				
61	纤细角星鼓藻 *S. gracile* Ralfts ex Ralfts	角星鼓藻属 *Staurastrum*				
62	具齿角星鼓藻 *S. indentatum* West & West					
63	曼弗角星鼓藻 *S. manfeldtii* Delpa-onte					
64	四角角星鼓藻 *S. tetracerum* (kütz.) Ralfs					
65	韦氏水绵 *S. weberi* Kützing	水绵属 *Spirogyra*	双星藻科 Zygnemataceae	双星藻目 Zygnematales		
66	异形水绵 *S. varaans*(Hass.) Kützing					
67	扎卡四棘藻 *A. zachariasi* Brun	四棘藻属 *Atthetas*	盒形藻科 Biddulphiaceae	盒形藻目 Biddulphiales	中心纲 Centriae	硅藻门 Bacillario-phyta
68	牟氏角毛藻 *C. muelleri*	角毛藻属 *Chaetoceros*	角毛藻科 Chaetoceros-aece			
69	湖沼圆筛藻 *C. lacustris* Ehren-berg	圆筛藻属 *Coscinodiscus*	圆筛藻科 Coscinodisca-ceae	圆筛藻目 Coscinodiscales		
70	链形小环藻 *C.catenata*	小环藻属 *Cyclotella*				
71	颗粒直链藻 *M. granulata* (Ehr.) Ralfs	直链藻属 *Melosira*	直链藻科 Melosiraceae			

（续表）

序号	物种	属	科	目	纲	门
72	颗粒直链藻极狭变种 *M. granulata* var. *angustissima* O. Müller	直链藻属 *Melosira*	直链藻科 Melosiraceae	圆筛藻目 Coscinodiscales	中心纲 Centriae	
73	变异直链藻 *M. varians* Agardh					
74	颗粒直链藻极狭变种螺旋变型 *M. granulata* var. *angustissima* f. *spiralis* Hustedt					
75	波形直链藻 *M. undulata*					
76	粗壮双菱藻 *S. robusta* Ehrenberg	双菱藻属 *Surirella*	双菱藻科 Surirellaceae			硅藻门 Bacillariophyta
77	粗壮双菱藻华彩变种 *S. robusta* var. *splendida* (Ehr.)Van Heurck					
78	二列双菱藻 *S. biseriata* Brebisson					
79	雅致双菱藻 *S. elegans*			管壳缝目 Aulonoraphidinales		
80	草履波纹藻 *C. solea*(Bréb.) W. Smith	波缘藻属 *Cymatopleura*			羽纹纲 Pennatae	
81	弯棒杆藻 *R. gibba* (Ehr.)O. Müller	棒杆藻属 *Rhopalodia*	窗纹藻科 Epithemiaceae			
82	针状菱形藻 *N. acicularis*	菱形藻属 *Nitzschia*	菱形藻科 Nitzschiaceae			
83	奇异菱形藻 *N. paradoxa*					
84	长菱形藻 *N. longissima*					
85	尖针杆藻 *S. acus* Kützing	针杆藻属 *Synedra*	脆杆藻科 Fragilariaceae	无壳缝目 Araphidiales		
86	肘状针杆藻 *S. ulna* (Nitzsch.) Ehrenberg					

（续表）

序号	物种	属	科	目	纲	门
87	头状针杆藻 S. capitata	针杆藻属 Synedra	脆杆藻科 Fragilariaceae	无壳缝目 Araphidiales	羽纹纲 Pennatae	硅藻门 Bacillario-phyta
88	中型脆杆藻 F. intermedia (Grun.) Grunow	脆杆藻属 Fragilaria				
89	钝脆杆藻 F. capucina Des-maziéres					
90	翼根管藻 R. alata Brightwell	根管藻属 Rhizosolenia	根管藻科 Solenicaceae	根管藻目 Rhizosoleniales		
91	笔尖形根管藻 R. styliformis Bright-well					
92	蓖形短缝藻 E. pectinalis (kütz.) Rabenhorst	短缝藻属 Eunotia	短缝藻科 Eunotiaceae	双壳缝目 Biraphidinales		
93	舟形藻 Navicula. sp	舟形藻属 Navicula	舟形藻科 Naviculaceae			
94	布纹藻 G. parkerii	布纹藻属 Gyrosigma				
95	粗糙桥弯藻 C. aspera	桥弯藻属 Cymbella	桥弯藻科 Cymbellaceae			
96	楯形多甲藻 P. umbomatum	多甲藻属 Peridinium	多甲藻科 Peridiniaceae	多甲藻目 Peridiniales	甲藻纲 Pyrrophyceae	甲藻门 Pyrrophyta
97	叉角藻 C. furca	角甲藻属 Ceratium	角甲藻科 Ceratiaceae			
98	飞燕角藻 C. hirund-inella (müll.) Schr.					
99	梭角藻 C. fusus					
100	奇形扁裸藻 Ph. anomalus	扁裸藻属 Phacus	裸藻科 Euglenaceae	裸藻目 Euglenales	裸藻纲 Euglenophyceae	裸藻门 Euglenophyta
101	三棱扁裸藻 Phacus triqueter (Ehr.) Duj.					
102	卵形鳞孔藻 L. ovum	鳞孔藻属 Lepocinclis				
103	多变卡克藻 K. variabilis	卡克藻属 Khawkinea				

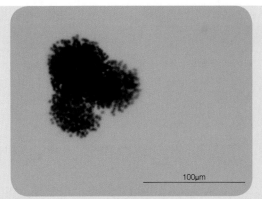

100μm

铜绿微囊藻

M. aeruginosa Kützing

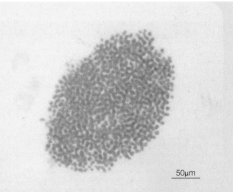

50μm

水华微囊藻

M. flos-aquae (wittr.) Kirchner

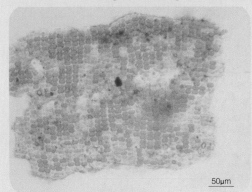

50μm

旋折平裂藻

M. convoluta Bréb.

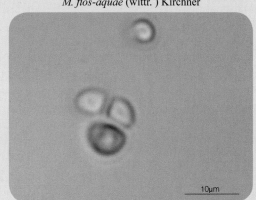

10μm

膨胀色球藻

C. turgidus (Kütz.) et Näg

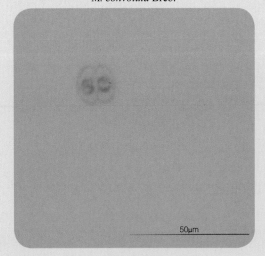

50μm

易变色球藻

C. varius A. Br. Rabenhorst.

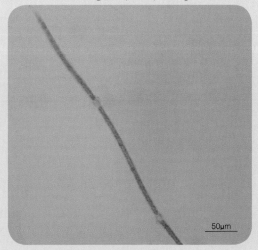

50μm

米德鱼腥藻

A. minderi Huber-Pestalozzi

图 3.2.18　各种藻类图之一

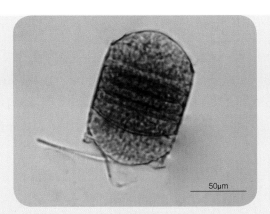

巨颤藻

O. princeps Vauch. ex Gom.

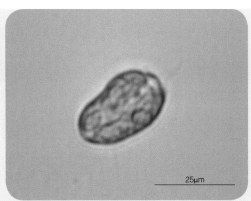

卵形隐藻

C. ovata Ehr.

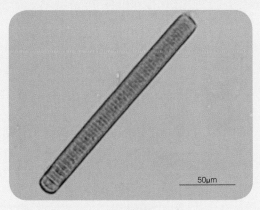

泥泞颤藻

O. limosa Ag.

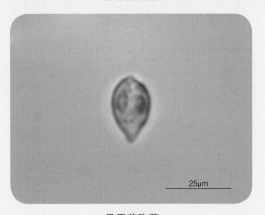

具尾蓝隐藻

C. caudata Geitler

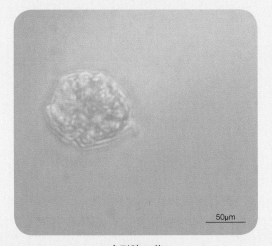

扁形膝口藻

G. depressum

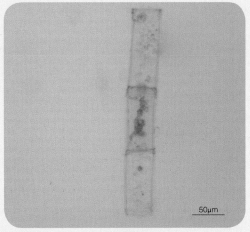

黄丝藻属

Tribonema.sp

图 3.2.19 各种藻类图之二

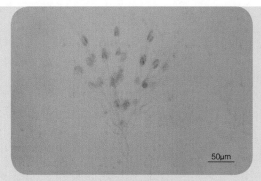

圆筒锥囊藻

D. cylindricum Imhof

单角盘星藻

P. simplex Meyen

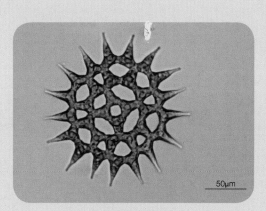

单角盘星具孔变种

P. Simplex var. *duodenarium* (Bail.) Rabenhorst

飞燕角藻

C. hirundinella (müll.)Schr.

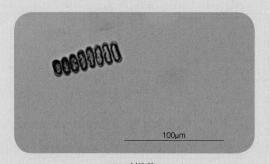

双对栅藻

S. bijuba (Turp.)Lagerheim

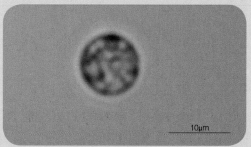

小球藻

C. vulgaris Beijerinck

图 3.2.20　各种藻类图之三

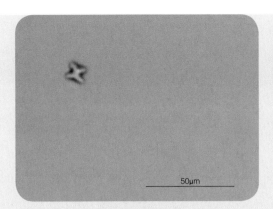

微小四角藻

T. minimum (A. Braun) Hansgirg

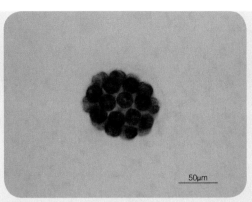

实球藻

P. morum (Müll.)Bory.

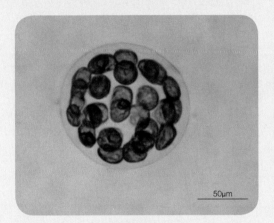

空球藻

E. Elegans Ehr.

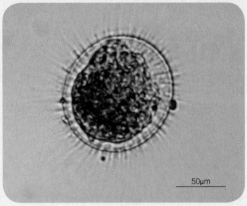

美丽团藻

V. aureus Ehrenberg

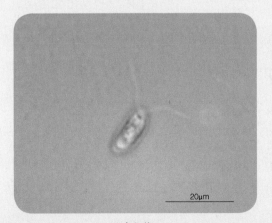

叶衣藻

L. sp

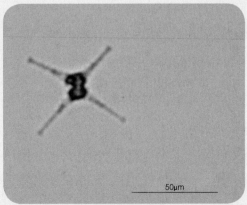

纤细角星鼓藻

S. gracile Ralfts ex Ralfts

图 3.2.21　各种藻类图之四

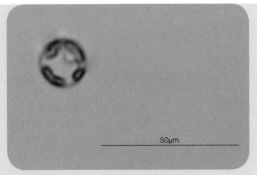

链形小环藻

C.catenata

叉角藻

C. furca

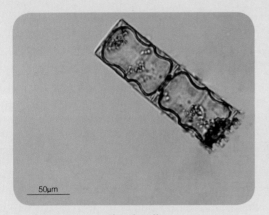

波形直链藻

M. undulata

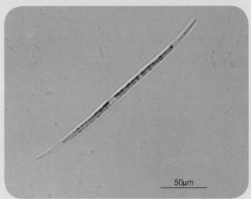

纤细新月藻

C. gracile Brébisson

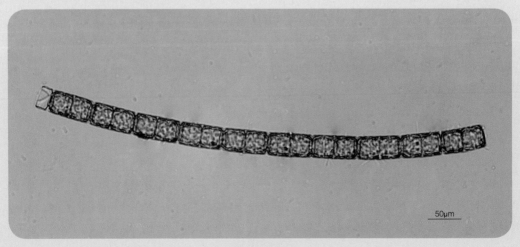

变异直链藻

M. varians Agardh

图 3.2.22　各种藻类图之五

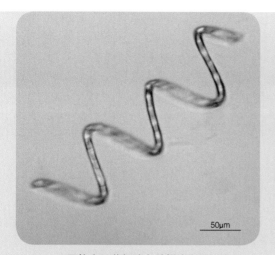

颗粒直链藻极狭变种螺旋变型
M. granulata var. *angustissima* f. *Spiralis* Hustedt

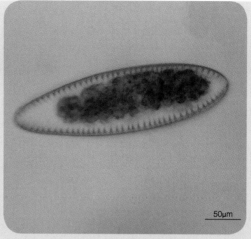

粗壮双菱藻华彩变种
S. robusta var. *splendida* (Ehr.)Van Heurck

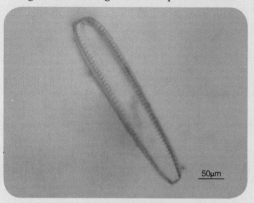

二裂双菱藻
S. biseriata Brebisson

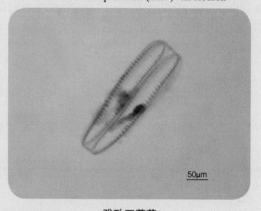

雅致双菱藻
S. elegans

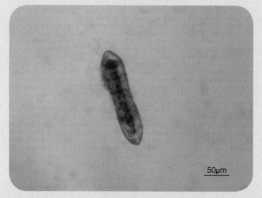

草履波纹藻
C. solea (Bréb.) W. Smith

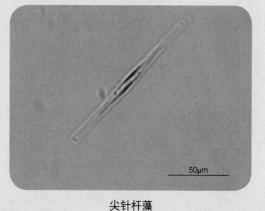

尖针杆藻
S. acus Kützing

图 3.2.23　各种藻类图之六

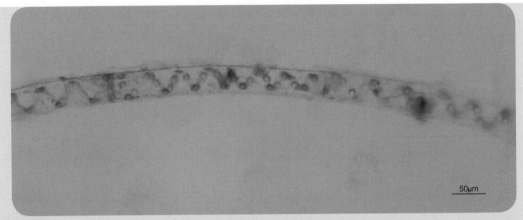

异形水绵

S. varaans (Hass.) Kützing

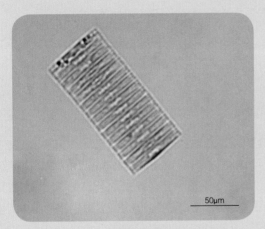

中型脆杆藻

F. intermedia (Grun.)Grunow

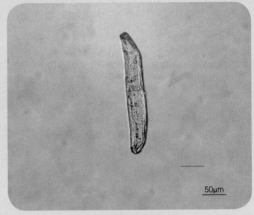

蓖形短缝藻

E. pectinalis (kütz.) Rabenhorst

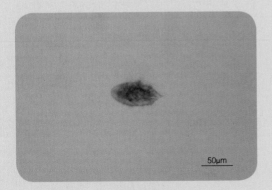

三棱扁裸藻

Phacus triqueter (Ehr.) Duj.

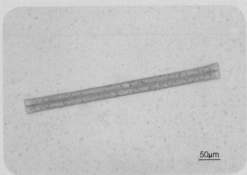

钝脆杆藻

F. capucina Desmaziéres

图 3.2.24　各种藻类图之七

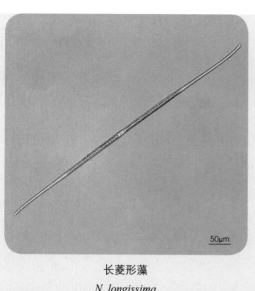

长菱形藻

N. longissima

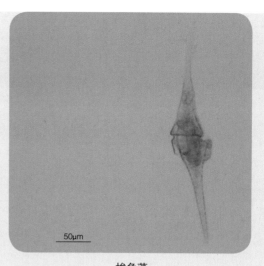

梭角藻

C. fusus

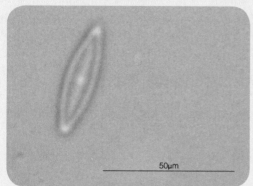

舟形藻属

Navicula. sp

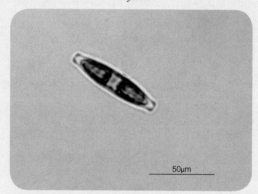

舟形藻属

Navicula. sp

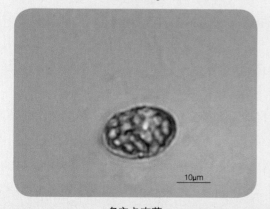

多变卡克藻

K. variabilis

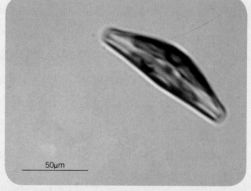

粗糙桥弯藻

C. aspera

图 3.2.25　各种藻类图之八

三、阿哈水库水生生物及营养化状况

（一）阿哈水库水生生物概况

1. 鱼类

阿哈水库鱼类。阿哈水库鱼类有两个特点，一是从鱼类物种多样性来看，鱼类种类不丰富，物种多样性不高。二是鲢鱼、鳙鱼的资源量极大，占整个阿哈水库鱼类资源量的80%以上。从鲢鳙鱼的年龄组成来看，主要是一至三龄鱼，四龄鱼极少。

2. 水生植物

阿哈水库水生植物。阿哈水库的水生植物种类不多，数量也少，体现了高原湖泊型水库水生植物的特点。从资源量来看，阿哈水库存在一定的挺水植物，沉水植物、浮叶植物及漂浮植物存在一定种类，资源量都很小。

3. 贝类

阿哈水库贝类。阿哈水库贝类资源主要以螺类为主，螺类在库区总体资源量不大，但在白岩河局部库湾，麻窝寨局部库湾等，密度和生物量较大，密度达到 1 696 个 /m²，生物量达到 1 940.64 g/m²。福寿螺是外来入侵物种，目前在阿哈水库有一定数量。

4. 浮游生物

阿哈水库浮游生物。阿哈水库浮游生物中，浮游植物以蓝藻门、绿藻门、硅藻门为主，密度及生物量偏高；浮游动物以轮虫、桡足类为主，密度及生物量处于中 – 低营养化水平。

5. 其他

除上述水生生物以外，阿哈水库还有水丝蚓、日本沼虾、克氏原螯虾、蛙类等水生动物，资源量均很小。克氏原螯虾是外来入侵物种，目前在阿哈水库数量较少。

（二）阿哈水库水体营养化状况简述

2016 年 3 月，阿哈水库一些主要水质指标显示，溶解氧（DO）、pH、氨氮（NH₃-N）、化学需要量（COD）达到 Ⅰ 类水标准，高锰酸钾指数（CODmn）达到 Ⅱ 类水标准，总磷（TP）为 Ⅲ 类水标准，总氮（TN）含量低于 Ⅲ 类水标准；6 月，这些主要水质指标显示，NH₃-N、DO、pH、COD 达到 Ⅰ 类水标准，CODmn 达到 Ⅱ 类水标准，TN、TP 含量低于 Ⅲ 类水标准。9 月，主要水质指标显示，NH₃-N、pH、COD 达到 Ⅰ 类水标准，DO、CODmn 达到 Ⅱ 类水标准，TN、TP 含量低于 Ⅲ 类水标准（表 3.3.1）。

从测定结果来看，阿哈水库目前水体状况主要是 TN、TP 含量较高。

表 3.3.1　阿哈水库主要水质理化指标

时间	地点	WT（℃）	DO（mg/L）	pH	CODmn（mg/L）	NH₃–N（mg/L）	TN（mg/L）	TP（mg/L）	COD（mg/L）
2016年3月	水库中部	12.67 ± 1.36	11.3 ± 0.1	8.3 ± 0.1	2.33 ± 0.1	0.017 ± 0.02	1.86 ± 0.05	0.027 ± 0.05	8.0 ± 0.0
	水库东部	12.47 ± 1.07	10.9 ± 0.2	8.3 ± 0.1	2.37 ± 0.1	0.019 ± 0.002	2.14 ± 0.41	0.040 ± 0.02	9.0 ± 1.0
2016年6月	水库中部	21.23 ± 2.44	6.30 ± 3.87	8.07 ± 0.21	2.53 ± 0.12	0.11 ± 0.06	2.03 ± 0.17	0.03 ± 0.00	11.00 ± 1.00
	水库东部	20.20 ± 1.90	10.37 ± 2.71	8.17 ± 0.12	2.77 ± 0.12	0.13 ± 0.07	2.49 ± 0.10	0.06 ± 0.01	12.67 ± 0.58
2016年9月	水库中部	23.40 ± 1.10	7.57 ± 2.63	7.93 ± 0.25	2.53 ± 0.68	0.09 ± 0.07	1.45 ± 0.05	0.02 ± 0.00	12.67 ± 2.08
	水库东部	22.53 ± 2.48	4.60 ± 4.16	7.77 ± 0.21	2.87 ± 0.47	0.21 ± 0.25	2.36 ± 0.72	0.06 ± 0.04	13.33 ± 1.53

四、水库中鲢鱼、鳙鱼现状

（一）鱼类年龄组成

鲢鱼、鳙鱼的年龄结构见表 3.4.1。鲢鱼的年龄由一至四龄 4 个世代构成，其中一龄鱼占总尾数的 60.98%，二龄鱼占总尾数的 30.73%，三龄鱼占总尾数的 6.83%，四龄鱼占总尾数的 1.46%。鳙鱼的年龄结构由一至四龄 4 个世代组成，其中一龄占 64.63%，二龄占 29.25%，三龄占 4.76%，四龄占 1.36%。

表 3.4.1　阿哈水库鲢鳙渔获物群体年龄组成

种类		年龄组				总计
		1	2	3	4	
鲢鱼	尾数	125	63	14	3	205
	百分比 %	60.98	30.73	6.83	1.46	
鳙鱼	尾数	95	43	7	2	147
	百分比 %	64.63	29.25	4.76	1.36	

（二）鱼类各龄生长特性

阿哈水库不同年龄组鲢鱼、鳙鱼体长、体重及肥满度的情况见表 3.4.2。一至四龄鲢鱼、鳙鱼的体长、体重有一定的差异，但差异不大。从体长看，一龄的鲢鱼、鳙鱼均在 17 cm 左右，二龄在 34 cm 左右，三龄在 40 cm 左右。采集到的四龄鳙鱼的体长平均值为 48.52 cm，体重平均值 1 266.07 g，体长、体重均超过四龄的鲢鱼。随着年龄的增加，鲢鱼的肥满度呈现变化，而鳙鱼的肥满度呈现了增长的趋势。

表 3.4.2　阿哈水库鲢鱼、鳙鱼不同年龄体长、体重及肥满度

种类	年龄	体长范围 (cm)	体长平均值 (cm)	体重范围 (g)	体重均值 (g)	肥满度（%）
鲢鱼	一龄	12.58~20.46	17.82	40.00~107.00	70.81	1.02
	二龄	23.21~39.00	31.41	121.00~564.00	312.81	2.04
	三龄	31.00~44.00	34.89	404.00~793.00	628.56	1.88
	四龄	36.11~49.40	40.97	602.30~810.00	744.85	0.89
鳙鱼	一龄	14.80~20.20	17.88	85.30~140.20	113.92	1.72
	二龄	23.10~38.60	28.81	129.50~473.00	247.54	1.89
	三龄	29.20~40.85	33.62	465.50~801.40	595.48	1.90
	四龄	39.45~55.55	48.52	644.00~1920.00	1266.07	1.92

（三）鲢鱼、鳙鱼对阿哈水库 N、P 的净化能力

阿哈水库各龄鲢鱼、鳙鱼消耗浮游生物及 N、P 情况见表 3.4.3。从表可以看出，一龄鲢鱼、鳙鱼消耗水体中的富营养物质 N、P 值都十分有限，随着年龄增长，吸收的 N、P 及消耗的浮游生物量的绝对值是增加的，这意味着随着鱼龄的增长，吸收的 N、P 等物质增多。

表 3.4.3　阿哈水库各龄鲢鱼、鳙鱼消耗浮游生物及 N、P 情况

种类	年龄	消耗的 N(g)	消耗的 P(g)	消耗的浮游生物 (g)
鲢鱼	一龄	2.16	0.12	2 000
	二龄	10.00	0.51	8 425
	三龄	21.03	1.17	19 475
	四龄	39.26	2.18	36 350
鳙鱼	一龄	2.75	0.15	2 550
	二龄	8.42	0.47	7 800
	三龄	17.36	0.96	16 075
	四龄	29.24	1.62	27 075

（四）阿哈水库鲢鱼、鳙鱼的生产潜力

阿哈水库浮游植物的密度和生物量见表 3.4.4。

表 3.4.4　阿哈水库浮游植物的密度和生物量（年均值）

种类	蓝藻门	硅藻门	金藻门	黄藻门	隐藻门	甲藻门	裸藻门	绿藻门
密度（×10^4 ind./L）	13.5113	40.1185	0.2070	0.2032	0.5366	0.8382	9.8002	70.9214
生物量（mg/L）	0.0146	0.3843	0.0007	0.0020	0.0053	0.0304	0.1920	1.1018
生物量总量（mg/L）	1.7311							

阿哈水库浮游动物的密度和生物量见表 3.4.5。

表 3.4.5　阿哈水库浮游动物的密度和生物量（年均值）

种类	枝角类	桡足类	轮虫	原生动物
密度（ind./L）	3	74	52	121
生物量（mg/L）	0.1594	1.9417	0.1330	0.0170
生物量总量(mg/L)		2.2511		

1. 鲢鱼的渔产力

阿哈水库浮游植物生物量平均为 1.7311 mg/L（即 0.0017311 kg/m³），全湖面积 4.5 km²（即 4 500 000 m²），平均水深 12 m。

按照浮游植物可提供鲢鱼的渔产力：渔产力（Y）= 现存生物量（B）× 系数（P/B）× 被鱼类直接利用率（u）÷ 饵料系数（K）。按能量转化效率估算，P/B 系数浮游植物取 50；浮游植物利用率 u 取 20%；饵料系数 K 浮游植物取 30。

$Y=0.0017311 \text{ kg/m}^3 × 4 500 000 \text{ m}^2 × 12 \text{ m} × 50 × 20\% ÷ 30 = 31 160 \text{ kg}$

估算有机腐屑等提供的鲢鱼渔产力，按照浮游植物可提供鲢鱼渔产力的 20% 计算，为：31 160 kg × 20% = 6 232 kg。

阿哈水库鲢鱼的渔产力为：31 160 kg + 6 232 kg = 37 392 kg。

2. 鳙鱼的渔产力

阿哈水库浮游动物生物量平均为 2.2511 mg/L（即 0.0022511 kg/m³），全湖面积 4.5 km²（即 4 500 000 m²），平均水深 12 m。

按照浮游动物可提供鳙鱼的渔产力：渔产力（Y）= 现存生物量（B）× 系数（P/B）× 被鱼类直接利用率（u）÷ 饵料系数（K）。按能量转化效率估算，P/B 系数浮游动物取 20；浮游动物利用率 u 取 50%；饵料系数 K 浮游动物取 10。

$Y = 0.0022511 \text{ kg/m}^3 × 4 500 000 \text{ m}^2 × 12 \text{ m} × 20 × 50\% ÷ 10 = 121 559 \text{ kg}$

估算有机腐屑等提供鳙鱼的渔产力，按照浮游动物可提供鳙鱼渔产力的 20% 计算，为：136 171.8 kg × 20% = 24 312 kg。

阿哈水库鳙鱼的渔产力为：121 559 kg + 24 312 kg = 145 871 kg。

五、阿哈水库入库支流中的浮游生物及营养化状况

（一）阿哈水库入湖支流浮游生物现状

阿哈水库有 5 条入湖支流，它们是金钟河、白岩河、游鱼河、蔡冲沟、滥泥沟。

1. 浮游植物丰度比较

入湖支流中，白岩河浮游浮游植物丰度最高，达到 2 137.13 × 10⁴ ind./L，其次是金钟

河为 1 995.23 × 10⁴ ind./L。蔡冲沟中的浮游植物丰度最低为 1 292.56 × 10⁴ ind./L。各采样点藻类丰度最高的是蓝藻门、绿藻门、硅藻门，白岩河硅藻门硅藻丰度最高，其他支流中的蓝藻门丰度最高（表 3.5.1）。

表 3.5.1　阿哈水库入湖支流浮游植物丰度变化（丰度单位：×10⁴ ind./L）

地点	总丰度	丰度量							
		绿藻门	硅藻门	金藻门	黄藻门	隐藻门	甲藻门	裸藻门	蓝藻门
白岩河	2137.13	441.14	766.85	40.00	29.71	29.71	38.86	256.00	534.85
金钟河	1 915.42 570.28 245.71 35.43				44.57	16.00	34.29	229.71	739.42
游鱼河	1 435.42	397.71	443.43	86.86	10.29	14.86	12.57	51.43	418.28
滥泥沟	1 373.71	448.00	144.00	29.71	36.57	26.29	58.29	80.00	550.85
蔡冲沟	1 292.56	444.57	123.43	64.00	13.71	14.86	13.71	110.86	507.43

2. 浮游动物丰度比较

入湖支流中，白岩河浮游动物丰度最高，达到 825.63 ind./L，其次是蔡冲沟和游鱼河，分别是 743.50 ind./L、265.01 ind./L。滥泥沟浮游动物丰度最低，为 116.99 ind./L（表 3.5.2）。

优势种有盖氏晶囊轮虫（*A.girodi*）、曲腿龟甲轮虫（*K. ualga*）、卜氏晶囊轮虫（*Asplanchna brightwel*）、针簇多肢轮虫（*P.trigla*）、圆形臂尾轮虫（*B.rotundi formis*）、裂足臂尾轮虫（*B.diversicornis*）、月形腔轮虫（*L. luna*）。

表 3.5.2　阿哈水库入库支流浮游动物丰度变化（丰度单位：×10⁴ ind./L）

地点	总丰度	丰度量			
		轮虫类	枝角类	桡足类	原生动物
金钟河	146.24	50.00	0.00	10.00	86.24
游鱼河	265.01	99.50	0.00	30.99	134.52
白岩河	825.63	633.50	0.00	35.98	156.15
蔡冲沟	743.50	600.00	3.75	22.49	117.26
滥泥沟	116.99	83.50	0.00	6.85	26.64

根据浮游动物香农 – 维纳多样性指数法，H′ 值金钟河、蔡冲沟、滥泥沟分别为 0.53、0.95、0.97（表 3.5.3），属于重污染，H′ 值游鱼河、白岩河分别为 1.74、1.78，属于中污染。

表 3.5.3　阿哈水库入湖支流浮游动物多样性指数、均匀度指数和丰富度指数变化

名称	金钟河	游鱼河	百岩河	蔡冲沟	滥泥沟
多样性指数（H'）	0.53	1.74	1.78	0.95	0.97
均匀度指数（J）	0.49	0.84	0.74	0.46	0.6
丰富度指数（D）	0.49	1.44	1.54	1.14	0.89

（二）阿哈水库入库支流营养现状

1. 入湖支流营养盐特征

阿哈水库入库支流水质理化指标见表 3.5.4，按照《地表水环境质量标准 GB 3838—2002》，评价阿哈水库入库支流营养盐状况。从总氮（TN）含量来看，滥泥沟和金钟河入库氮含量高于《地表水环境质量标准》中规定的 V 类水的标准 2.0 mg/L。蔡冲沟、游鱼河入湖氮含量高于 Ⅳ 类水标准的 1.5 mg/L。白岩河入湖氮含量也高于 Ⅲ 类水标准的 1.0 mg/L。

从总磷（TP）含量来看，滥泥沟入库磷含量远远高于《地表水环境质量标准》（湖、库）中规定的 V 类水的标准 0.2 mg/L。金钟河、游鱼河、蔡冲沟和白岩河的入湖磷含量基本处于 Ⅰ 类水标准的 0.01 mg/L 水平。

从溶解氧（DO）含量来看，滥泥沟入湖溶解氧含量低于《地表水环境质量标准》中规定的 V 类水的标准 2 mg/L，其余支流的入库溶解氧含量达到 Ⅱ 类水的标准的 6 mg/L。

根据综合营养状态指数法，金钟河、游鱼河、白岩河、蔡冲沟的卡尔森营养状态指数 TSI（∑）范围为 41.90~45.08，属于中营养型，滥泥沟的 TSI（∑）为 64.81，属于中度富营养型。

表 3.5.4　阿哈水库入库支流水质理化指标

地点	S (mg/L)	WT (℃)	pH	SD (m)	DO (mg/L)	TN (mg/L)	TP (mg/L)	CODMn (mg/L)
金钟河	42.8	24.7	8.3	0.70	6.02	2.79	0.010	4.14
白岩河	46.8	25.2	8.4	0.40	6.80	1.16	0.011	4.08
游鱼河	67.4	25.4	8.0	0.75	6.21	1.52	0.010	2.86
滥泥沟	—	26.0	7.7	1.50	1.36	8.63	0.539	7.50
蔡冲沟	—	22.3	8.1	0.65	7.18	1.57	0.010	2.68

2. 入库支流的氮、磷入湖量

阿哈水库入库支流水流量、氮流入量和磷流入量见表　3.5.5。入库支流中水量最大的是金钟河、白岩河，入库水量分别是 20.0 × 10⁴ t/d、15.0 × 10⁴ t/d；氮流入量为 558.00 kg/d、174.00 kg/d；磷流入量为 2.00 kg/d、1.65 kg/d。而入库水流量相对较小的滥泥沟，

入库水量是 0.5×10^4 t/d，氮流入量为 43.15 kg/d，磷流入量为 2.70 kg/d。这五条入库支流每天入库水量为 40.5×10^4 t/d，氮流入量为 851.55 kg/d，磷流入量为 6.85 kg/d。

　　各入库支流水流量、氮流入量和磷流入量对阿哈水库的贡献率见图 3.5.1。滥泥沟入库水量不大，但在入库氮、磷含量上占到了较大比例，特别是磷含量，超过了水量是其金钟河的 40 倍。

表 3.5.5　阿哈水库入库支流水流量、氮流入量和磷流入量

名称	水流量（×10⁴t/d）	氮流入量（kg/d）	磷流入量（kg/d）
金钟河	20.0	558.00	2.00
白岩河	15.0	174.00	1.65
游鱼河	4.2	63.84	0.42
蔡冲沟	0.8	12.56	0.08
滥泥沟	0.5	43.15	2.70
合计	40.5	851.55	6.85

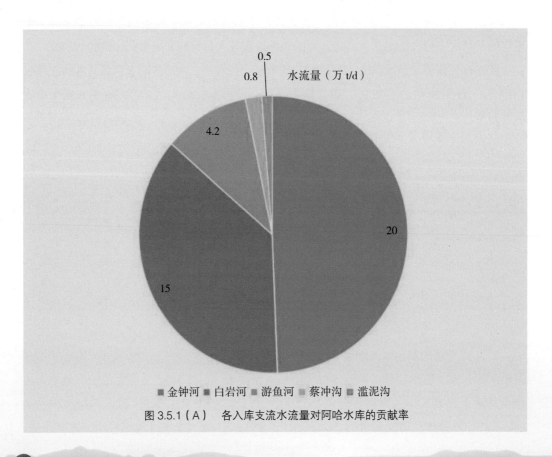

图 3.5.1（A）　各入库支流水流量对阿哈水库的贡献率

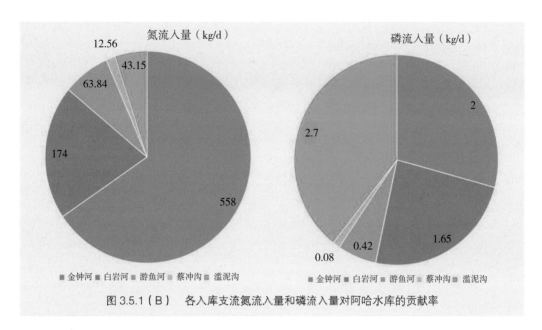

图 3.5.1（B） 各入库支流氮流入量和磷流入量对阿哈水库的贡献率

六、阿哈水库入库支流水质污染状况

阿哈水库主要支流有 3 条，分别是游鱼河、金钟河和白岩河，其余入湖的大小水体若干，包括蔡冲沟、滥泥沟、猪场坝、梨树脚、麻窝寨等。这些不同程度污染的入湖水体，影响了阿哈水库的水环境和水生态（图 3.6.1、图 3.6.2、图 3.6.3、图 3.6.4、图 3.6.5、图 3.6.6、图 3.6.7、图 3.6.8、图 3.6.9、图 3.6.10、图 3.6.11）。

图 3.6.1 蔡冲沟下游入湖处双庆桥下的垃圾

图 3.6.2　蔡冲沟流入双庆桥的浑浊水

图 3.6.3　游鱼河是阿哈水库的三条主要入库支流之一，水面时常有漂浮物

图 3.6.4　游鱼河是阿哈水库的三条主要入库支流之一，水面时常有漂浮物

图 3.6.5　三大主要入库支流中，金钟河的污染最为严重，即使在有生态浮床的河段，其水质也是浑浊发黄

图 3.6.6　漂浮物在生态浮床的作用下聚集一处

图 3.6.7　白岩河是阿哈水库两个入库水量最大的支流之一，水体悬浮物较多

图 3.6.8　白岩河水体水色泛黄

图 3.6.9　岸边的生活垃圾

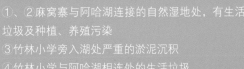

图 3.6.10

①、②麻窝寨与阿哈湖连接的自然湿地处，有生活垃圾及种植、养殖污染
③竹林小学旁入湖处严重的淤泥沉积
④竹林小学与阿哈湖相连处的生活垃圾

滥泥沟入库支流处的垃圾较多，水质情况较差

猪场坝与阿哈水库相连部分河段的垃圾

七、阿哈水库二级保护区入库水体受污染状况

阿哈水库库区二级保护区内，云岩区蔡家关村、经开区竹林、烂泥、金山村位于水库周边，直接与一级保护区交界，部分村寨距离水库岸线仅几十米。二级保护区内有 14 处居民生活污水汇集成污水沟渠穿过一级保护区线直排到阿哈水库（图 3.7.1），其中入库水量在 100 t/d 的有 8 处（表 3.7.1）。云岩区蔡家关下坝溶洞出口、竹林村湖湾（花溪区第十四小学旁）和烂泥村邦堡寨农灌沟渠入库水量较大。一些入库水体污染严重（图 3.7.2、图 3.7.3）。

表 3.7.1　阿哈水库库区周边村寨生活污水直排沟渠一览表

序号	直排沟渠地点	污水排放量（t/d）	污水类型描述
1	云岩区蔡家关下坝溶洞出口	3 000	生活污水
2	竹林村猪场坝垃圾收集房旁	100	生活污水混合地表地下水体
3	竹林村湖湾（花溪区第十四小学旁）	3 000	生活污水混合极少量的地表水
4	烂泥村邦堡寨金山路旁	500	生活污水，排入滥泥沟进入金竹排污提升泵房
5	烂泥村邦堡寨下游农灌沟渠	1 500	生活污水
6	金山村老中寨金山路东侧苗圃内沟渠	300	生活污水，来自金山路西侧路边沟渠
7	金山村新中寨农灌沟渠	300	生活污水混合少量地表水体
8	金山村新中寨荷花池	100	生活污水混合地表水体，排入村寨中央荷花池
	合计	8 800	

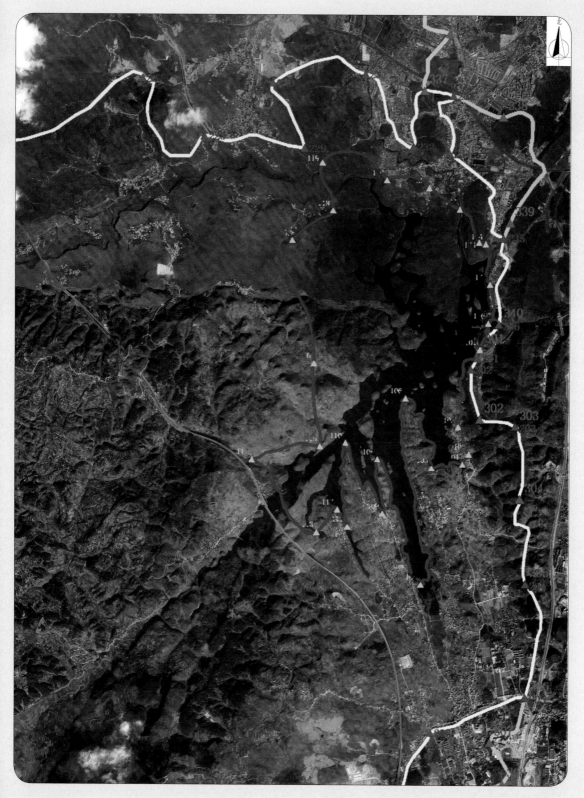

图 3.7.1　阿哈水库二级保护区村寨生活污水直排位置图

注：红线为一级水源保护区界线，黄线为二级保护区界线，绿线为准保护区界线

图 3.7.2　金竹路东侧农灌沟渠上游的入库污水沟

图 3.7.3　金山路东侧苗圃处的入库污水沟区

第四部分
对阿哈水库水源地的保护

一、各类水生生物在水体净化中的作用

水体不同程度的污染，主要包括氮、磷等营养物及有机物污染，严重时会引起水体富营养化，致使水中蓝、绿藻类大量繁殖，产生水华现象。近年来，人们在阿哈水库的治理中做了大量的工作，控制污染源、底泥疏浚、曝气充氧、人工湿地、水生植物浮床等，使水质得到了较好的净化。由于生态治理较稳定的、长效性的作用特点，仍需要以生态学原理为指导，利用水生生物，人工恢复或完善生态系统的平衡，增强水体的自我净化能力。

1. 水生植物对水体的净化作用

（1）水生植物生长需要吸收氮、磷等营养物质，减少了水体中营养物的含量。

（2）水体中氮、磷等，特别是磷含量，直接决定了藻类的繁殖速率。水生植物与藻类竞争营养物质和光能，抑制了藻类的生长。

（3）水生植物发达的根系不但为微生物的附着、栖生、繁殖提供了场所，而且还能分泌一些有机物促进微生物的代谢。微生物的生长，促进了水体有机物向无机物的转化。

（4）水生植物提高水体溶解氧，为其他物种提供或改善生存条件。

（5）水生植物对藻类具有克制效应，可以抑制藻类的生长。

（6）水生植物根系对颗粒态物质有吸附、截留和促进沉降等作用，提高透明度，改善水体水质。

总之，水生植物具有生长快的特点，能够大量吸收水体中的营养物质，为水中营养物质提供了输出的渠道。

2. 枝角类动物对水体的净化作用

枝角类隶属甲壳纲（Crustacea）鳃足亚纲（Branchiopoda）枝角亚目（Cladocera）。淡水枝角类通称水溞，又称"红虫"。枝角类在水体的自然净化过程中具有重要作用。通过它们强大的滤食作用，可以除去水中大量细菌、微型藻类、酵母菌以及有机悬浮物。它们高度的食物要求决定了其高度的氧气需求。在不停地浮游活动和滤食活动中，它们的大触角与胸肢频繁搏击，促进水域的充气作用，借以补偿大量氧气。每升水里含有枝角类50只时，水中就能净增氧气几乎达到100%，枝角类的增氧主要在水体表层。

从枝角类的滤食能力来看，一只枝角类每昼夜可滤取小球藻的数量：大型溞为300 000个，长额象鼻溞为100 000个，老年低额溞为125 000个。枝角类主要食用的藻类以各种小型原球藻及绿藻为普遍，包括小球藻、原球藻、绿球藻和栅藻等。此外，直链硅藻、隐藻及裸藻等也是枝角类较为普遍的食物。至于蓝藻等不少浮游藻类，枝角类主要是滤食它们死后所形成的细菌性腐屑。

3. 桡足类动物对水体的净化作用

桡足类隶属甲壳纲（Crustacea）桡足亚纲（Copepoda）。桡足类的食性包括草食性、杂食性、寄生性以及肉食性。草食性的桡足类以浮游藻类为食，杂食性桡足类则兼食浮游藻类及其同类浮游动物，寄生性的桡足类往往寄生在鱼类的鳃或皮肤中，有时也寄生在许多水生无脊椎动物中，肉食性桡足类则以其同类浮游动物为食。

桡足类中草食性的种类，利用其摄食附肢制造摄食流，所产生的摄食流将浮游藻类由其第一触角的上方或前方引入其口器附近加以摄食。有时当桡足类遇到较大型的藻类时，桡足类会利用其摄食附肢加以剪切再摄食。草食性的桡足类不论在数量或出现频率上皆极为优势，有时它以极高的密度出现，因此它在浮游动物中扮演着极重要的角色。这种桡足类通常以浮游藻类为食，所以它对藻类的摄食效应该是很明显的。

4. 轮虫对水体的净化作用

轮虫隶属轮虫动物门（Rotifera）。轮虫大部分营浮游生活，有的底栖。他们的取食方式是滤食，以藻类、细菌、有机悬浮物为食。轮虫的食物及生长温度也会因种类的不同而有区别。对大型及小型轮虫而言，以周氏扁藻为饵的轮虫体型最大，拟球藻为饵者次之，酵母为饵的最小。大型轮虫可滤食5~25 μm的食物，超小型种可滤食2~20 μm的食物。因此，粒子小于25 μm的微藻、酵母、细菌、原生动物、有机碎屑等均能被轮虫滤食。轮虫喜食微藻及褐色鞭毛藻类的等鞭金藻，其中微藻中主要包括扁藻、杜氏藻、衣藻、拟球藻及单胞藻等绿色藻类。

5. 螺类动物对水体的净化作用

螺类隶属软体动物门（Mollusca）腹足纲（Gastropoda）。螺类栖息于底泥富含腐殖质的水域环境，如水草繁茂的湖泊、池沼、田洼或缓流的河沟等水体中，常以泥土中的微生物和腐殖质及水中浮游植物、幼嫩水生植物、青苔等为食。250 kg 螺蛳可以每年摄食 2 t 固着藻类和有机物质，它们还具有分泌促絮凝物质，使悬浮物絮凝沉降，提高水体的透明度的功能。

6. 贝类对水体的净化作用

贝类隶属软体动物门（Mollusca）瓣鳃纲（Lamellibranchia）。澳大利亚的环保专家对悉尼附近的河流进行检测后发现，如果河里的贝类动物比较多，河流水质就更干净，里面的鱼也更多，他们就在河流中投放贝类，实现清除污染、改善河流水质的目的。贝类在河水和河岸之间活动，能把河地淤泥中的有毒物质带到岸上，就像河水的过滤器。贝类中，100 kg 皱纹冠蚌每年滤水量为 1 200~1 300 m³，滤食藻类和有机碎屑 5 t。贝类的滤食也为水体的净化起一定作用。

7. 鱼类对水体的净化作用

鱼类属于水生生态系统中食物网的顶级消费者。水体中以不同食性为优势种的鱼类，能影响鱼类的群落结构，并对其他生物群落，特别对饵料生物群落产生极大的影响，进而影响整个生态系统的结构和功能。

以摄食浮游藻类为主，典型的如鲢鱼，这类食性的鱼，鳃耙的滤食性能最佳。大多数浮游生物食性的鱼类依靠鳃耙过滤进入鳃腔的水流取得食物，故称为滤食性鱼类。鲢鱼滤食浮游植物，如绿藻、硅藻、甲藻、金黄藻等。鳙鱼可滤食比较大的浮游动物，终身以浮游动物为食，如沙壳虫、轮虫、枝角类、桡足类。细鳞斜颌鲴、黄尾鲴、银鲴以水生高等植物的嫩叶、藻类为主要食物，兼食水生昆虫、枝角类、桡足类和植物碎屑等，鲴类是用锐利的角质口缘刮取附着藻类。罗非鱼以动物性饵料为主的杂食性鱼类，食性很广，浮游生物、丝状藻类、浮萍、苦草、有机质碎屑、摇蚊幼虫、昆虫、水蚯蚓等都可摄食。

滤食性的鲢、鳙鱼，能够明显限制浮游植物的现存生物量，同时能降低水体中的 COD、TP、DO 和 pH 值，它们对水质有净化作用。在富营养湖泊的治理中，欧美国家广泛采用以改变鱼类的组成和多度为主要内容的"生物操纵"来调整湖泊的营养结构和促进水质的恢复。在武汉东湖富营养化水体中移入 50 g/m³ 的鲢鱼或鳙鱼，使微囊藻水华得到了有效的抑制。

二、加强对阿哈水库水源水体质量的保护

阿哈水库于 1960 年建成，1982 年定为饮用水水源，2007 年成立了贵阳市两湖一库管理局，主管贵阳市红枫湖、百花湖、阿哈水库的水资源保护；2009 年实施了《贵阳市阿哈水库水资源环境保护条例》。围绕阿哈水库水资源的保护，贵阳市开展了大量的工作，如迁走或关停污染企业，搬迁湖边住户，关停沿湖的旅游和餐饮，库区周边的退耕还湖，禁

止了放养禽畜和水产养殖活动，禁止了游泳、露营、野炊、垂钓、捕捞；进行了水库周边农村污染的人工湿地污水处理。在水库内开展了湖底泥的环保疏浚、水生植物浮床的生态治理、投放鲢鱼、鳙鱼净化水体等，这些工作卓有成效，保证了阿哈水库水生态的平衡和水质的优良。

由于阿哈水库位于快速发展中的贵阳市，城镇化的推进和人口剧增，使水库周边及支流污染压力达到空前。因此，对阿哈水库水环境的保护的思路是：在湖外，减少入库外源污染量；在库内：降低库内内源污染量。在减少入库外源污染量的基础上降低库内内源污染量。

（一）针对入库支流的特点降低水体中氮、磷等营养物质

阿哈水库的入库支流有 5 条，它们是金钟河、白岩河、游鱼河、蔡冲沟、滥泥沟。这 5 条支流主要的营养物输入特点是：金钟河每天入库水流量为 20.0×10^4 t，每天输入的氮为 558 kg，磷为 2 kg；白岩河每天入库水流量为 15.0×10^4 t，每天输入的氮为 174 kg，磷为 1.65 kg；游鱼河每天入库水流量为 4.2×10^4 t，每天输入的氮为 63.84 kg，磷为 0.42 kg；蔡冲沟每天入库水流量为 0.8×10^4 t，每天输入的氮为 12.56 kg，磷为 0.08 kg；滥泥沟每天入库水流量为 0.5×10^4 t，每天输入的氮为 43.15 kg，磷为 2.70 kg。

阿哈水库入库支流中，金钟河、白岩河、游鱼河是三个主要入库支流，其中以金钟河入水量最大，水体中总氮（2.79 mg/L）过高。需要降低金钟河支流沿岸排污水平，在适当位置建设污水处理厂。滥泥沟支流入库水量仅为 0.5×10^4 t/d，但水体总氮、总磷含量高，TN 为 8.63 mg/L，TP 为 0.54 mg/L。滥泥沟支流每天磷的流入量相比入库流量为 200×10^4 t/d 的金钟河还高很多，需要降低滥泥沟支流沿岸的排污水平，或将该支流一些区域的污水并入城市排污管道，或在适当位置建设污水处理厂。

（二）对阿哈水库周边城镇生活污水的处理

1. 继续加强对阿哈水库饮用水源保护的宣传

介绍阿哈水库饮用水源保护区的范围、供水情况及污染源风险等。以开设水源保护论坛、建立微博及微信等消息渠道、制作宣传短片、制作宣传展板、宣传册等，采用电视、报纸、网络等多种渠道向广大市民宣讲饮用水水源保护条例、水域生态安全、饮用水水源保护知识等形式，开展饮用水水源保护宣传活动。

2. 提高对周边城镇生活污水的处理能力

阿哈水库周边农村生活污水是水库水体营养化的主要污染源之一。农村人口居住相对分散，大多数无排水系统，雨水和污水都沿着道路边沟或者路面排至就近的水体，最后流入阿哈水库。随着城镇化建设的推进，阿哈水库周边人口数量日益增多，而生活污水处理

设施不足，部分的生活污水最后进入水库，污染较为严重。针对云岩区蔡家关下坝溶洞出口、竹林村猪场坝垃圾收集房旁、竹林村湖湾（花溪区第十四小学旁）、烂泥村邦堡寨金山路旁、烂泥村邦堡寨下游农灌沟渠、金山村老中寨金山路东侧苗圃内沟渠、金山村新中寨农灌沟渠、金山村新中寨荷花池等入湖水体，需要列入专题进行治理。

需要以村落或居民点为单位进行农村生活污水处理，修建污水管网，提高污水处理能力，要因地制宜地采用集中和分散处理技术相结合的处理模式，对阿哈水库周边城镇生活污水进行治理。

3. 完善已建周边城镇生活污水处理厂（场）管理机制

在已建的阿哈水库周边城镇生活污水处理厂（场），需完善相应的维护管理机制，保证定期维护，使其达到预期的治理效果。

4. 加强对已建阿哈水库入库人工湿地水源的管理

目前，阿哈水库周边村寨建有 5 处入库人工湿地水源，旨在净化入库水体质量。笔者在调查中发现，这 5 处人工湿地水源缺乏有效管理不能正常运行以保证水体质量。

需要制定和完善人工湿地管理制度。真正做到定期、定人对人工湿地进行检查，了解水体流动和运行情况，包括湿地动植物生长情况、进水和出水的水质状况等。及时开展维护和监测，包括污水收集、管网疏通、过滤砂石更换、种植净水植被及杂草清除等。

（三）支流入库口水质及库湾区域的治理

1. 支流入库口区域的治理

支流入库口区域是泥沙、各类营养物质沉积最多的地方，也是各类漂浮垃圾等累积的地方。制定支流入库口治理的规范，定期清理漂浮物、疏浚底泥，采用综合生态治理措施等，做好支流入库口的治理工作。

2. 库湾区域的治理

一些库湾区域仍然分布着村庄和农田，农田径流、村落生活污水、垃圾等依然直接进入阿哈水库。需要将库湾区域的这些农田径流、村落生活污水、垃圾等进行治理，使其恢复为植被群落结构较为完善、净化功能较强的多功能河口湿地，实现自然景观优美化、入库水质的净化的目的。

（四）利用鲢鱼、鳙鱼清除蓝绿藻类的生态治理

鲢鱼、鳙鱼类对水体的净化，是其在生长中不断的滤食藻类、浮游动物等实现的，鲢鱼、鳙鱼体重每增加 1 kg 就可消耗约 50 kg 的蓝、绿藻等浮游生物。每捕捞出 1 000 kg 鲢鱼、鳙鱼，就能从库中带出约 27.15~29.55 kg 氮和 5.36~5.64 kg 磷，从而实现对水体的净化。

1. 阿哈水库鲢鱼、鳙鱼的渔产潜力

依据调查结果，阿哈水库的鲢鱼的渔产潜力为 37 392 kg，鳙鱼的渔产潜力为 145 871 kg。

2. 阿哈水库现有鲢鱼、鳙鱼的资源量

两湖一库管理局于 2008 年在阿哈水库投放鲢、鳙鱼苗 180 万尾，规格为 6~7 cm；2014 年投放鲢鱼、鳙鱼苗 120 万尾，规格为 6~7 cm；2015 年投放鲢鱼、鳙鱼苗 450 万尾，规格为 6~7 cm，总计投放规格为 6~7 cm 的鲢鱼、鳙鱼苗 750 万尾。依据调查结果，根据阿哈水库鱼类资源的密度、鲢鱼和鳙鱼的投放情况、鲢鱼、鳙所占比例以及水库中鲢鱼、鳙鱼的平均体重，推算出两湖鲢鱼、鳙鱼的现存量。阿哈水库鲢鱼、鳙鱼的现存量评估为鲢鱼 13 406~24 874 kg，鳙鱼 11 029~22 038 kg。按照每立方米来计算，鲢鱼、鳙鱼现存量分别为 0.25~0.46 g/m³、0.20 g/m³~0.41 g/m³，而依据调查结果，阿哈水库鲢鱼、鳙鱼的渔产力分别为 0.69 g/m³、2.70 g/m³。与浮游生物提供的渔产力相比，阿哈水库鲢鱼、鳙鱼的现存量均比浮游生物提供的渔产力小，说明阿哈水库浮游植物、浮游动物的利用还不充分。

利用鲢鱼、鳙鱼的滤食习性，在湖、库中投放鲢鱼、鳙鱼能减少水体中的蓝藻及绿藻，达到生态治理的效果。中科院水生生物研究所刘建康、谢平（1999）的研究表明，防止武汉东湖"水华"暴发的鲢鱼、鳙鱼密度应在 46~50 g/m³。但阿哈水库属于高原型湖泊，水体相对较深，鲢鱼、鳙鱼投放的数量，要根据水库的渔产力进行考虑。阿哈水库鲢鱼、鳙鱼的现存量依旧较小，应该适当增加投放量。

表 4.2.1　2016 年阿哈水库鲢鱼、鳙鱼的渔产力及现存量（g/m³）

	渔产力			现存量		
	鲢鱼	鳙鱼	合计	鲢鱼	鳙鱼	合计
阿哈水库	0.69	2.70	3.39	0.25~0.46	0.20~0.41	0.45~0.87

3. 阿哈水库今后用于生态治理的鲢鱼、鳙鱼投放规划

（1）投放量。鲢鱼、鳙鱼的合理放养量，应该是指水域所提供的各种生态条件可让鱼类正常生长的群体密度，如果鲢鱼、鳙鱼投放量不够，不能充分利用水体中的浮游生物，达不到最佳的治理效果。如果投放量超出了水体的承载力，既浪费了资源，又会使得水库的水体生态遭到破坏，破坏了水体的生态平衡。

按照每 5 年计算，每年使库区水体中达到渔产力的状况，这 5 年中阿哈水库鲢鱼、鳙鱼的总量为 915 300 kg。目前，鲢鱼、鳙鱼现存量为 0.45~0.87 g/m³，要增加到 3.39 g/m³。根据阿哈水库鲢鱼、鳙鱼的存活率、生长率及浮游生物状况，以 5 年计算，鲢鱼、鳙鱼投放总量为 600 万尾，即每年投放量为 120 万尾。

（2）投放规格。根据阿哈水库水体状况，如果投放的鲢鱼、鳙鱼苗太小，存活率低；如果投放的鲢鱼、鳙鱼大，投放成本高。建议投放的鳙鱼、鲢鱼规格为 6 cm 以上，要求无病无伤，体质健壮。

（3）鲢鱼、鳙鱼的投放比例。依据调查结果，阿哈水库浮游植物的生物量为 1.7311 mg/L，浮游动物的生物量为 2.2511 mg/L；鲢鱼的渔产力为 37 392 kg，鳙鱼的渔产潜力为 145 871 kg。综合浮游生物的生物量及渔产力状况，特别是根据阿哈水库浮游动物生物量较大的特点，要增加鳙鱼的投放量。建议阿哈水库鲢鱼、鳙鱼的投放比例为鲢鱼∶鳙鱼为 2∶3。

在 5 年里鲢鱼、鳙鱼投放总量为 600 万尾，每年投放量为 120 万尾，鲢鱼投放量为 48 万尾，鳙鱼投放量为 72 万尾，也就是说，每年投放 6 cm 以上鲢鱼 48 万尾，6 cm 以上鳙鱼 72 万尾。

4. 用于阿哈水库生态治理鲢鱼、鳙鱼的管理

（1）标记用于生态治理的鲢鱼、鳙鱼，便于识别。用于阿哈水库净化水质的鲢鱼、鳙鱼，投放前采用鱼类 pit 标记或荧光标记等方法进行标记，标记过的每 1 尾鲢鱼、鳙鱼均可以识别，便于管理，切实保障投放的鲢鱼、鳙鱼达到净化阿哈水库水质的效果。

（2）鲢鱼、鳙鱼的标记便于评估和掌握生态治理的效果。标记投放的鲢鱼、鳙鱼，经过一定时间抽样捕捞，对投放与捕捞的时间、地点加以分析，可以了解阿哈水库鲢鱼、鳙鱼类的来踪去迹和在水中生长情况，利用标记鱼类的回捕率以及体长、体重等生物学数据，可以估算投放鲢鱼、鳙鱼种群的变动，评价其对水体生态治理的效果。

（3）制定用于生态治理鲢鱼、鳙鱼的管理规定，严格执法。标记过的鲢鱼、鳙鱼可以识别，便于进行有效的管理。但目前未见相关管理规定，需要制定和实行用于生态治理鲢鱼、鳙鱼的管理规定，便于执法和管理。

5. 用于阿哈水库生态治理鲢鱼、鳙鱼的捕捞

（1）定期捕捞，移除固定在鲢鱼、鳙鱼中的氮磷，实现水体净化。投放鲢鱼、鳙鱼进行生态治理的目的，一是利用其摄食习性，滤食藻类、浮游动物、有机碎屑等，降低水体藻类含量，抑制蓝绿藻的生长；二是将水体中的 N、P 等通过营养级的转化，以鱼的形式固定下来，通过捕捞，带出水体，从而实现对水体的净化。

经检测，阿哈水库每 1 000 kg 鲢鱼中，含有 106.51 kg 碳、27.15 kg 氮和 5.64 kg 磷；每 1 000 kg 鳙鱼中，含有 112.62 kg 碳、29.55 kg 氮和 5.36 kg 磷（表 4.2.2）。

表 4.2.2　阿哈水库鲢鱼、鳙鱼肌肉的碳、氮和磷的含量（湿重，g/kg）

	碳含量	氮含量	磷含量
鲢鱼	106.51 ± 6.24	27.15 ± 4.19	5.64 ± 0.81
鳙鱼	112.62 ± 7.16	29.55 ± 4.28	5.36 ± 0.67

通过定期捕捞，才能将阿哈水库水体通过营养级固定在鲢鱼、鳙鱼中的 N、P 等营养物质带走，也就意味着每捕捞 1 000 kg 鲢鱼、鳙鱼，就能从库中带出 106.51~112.62 kg 碳，27.1527~29.55 kg 氮和 5.36~5.64 kg 磷。

（2）对捕捞规格的建议。综合阿哈水库鲢鱼、鳙鱼的生长、体长 – 摄食与消化能力、快速生长期等因素，建议阿哈水库鲢鱼、鳙鱼的起捕年龄为四龄。

由阿哈水库各龄鲢鱼、鳙鱼消耗浮游生物及 N、P 情况（表 4.2.3）可知，一方面，一龄鲢鱼、鳙鱼消耗水中的富营养物质 N、P 值都十分有限，随着年龄增长，带走的 N、P 及消耗的浮游生物量的绝对值是增加的，这意味着年龄越大，最终能带走的 N、P 等物质越多；另一方面，笔者也看到绝对值的增长量随着年龄增长是有所下降的，二龄鱼带走的物质是一龄鱼的 4 倍左右，三龄鱼带走的物质量是二龄的 2.2 倍左右，四龄鱼带走的物质量是三龄鱼的 1.7 倍左右，三龄鱼以后鲢鱼、鳙鱼带走 N、P 的量与其上一年的差值随年龄增长相对有较大的下降。

表 4.2.3　阿哈水库各龄鲢鱼、鳙鱼消耗浮游生物及 N、P 情况

种类	年龄	消耗的氮 (g)	消耗的磷 (g)	消耗的浮游生物 (g)
鲢鱼	一龄	2.16	0.12	2 000
	二龄	9.099	0.5055	8 425
	三龄	21.033	1.1685	19 475
	四龄	39.258	2.181	36 350
鳙鱼	一龄	2.754	0.153	2 550
	二龄	8.424	0.468	7 800
	三龄	17.361	0.9645	16 075
	四龄	29.241	1.6245	27 075

（五）充分发挥水生生物对水体的生态净化作用

阿哈水库是一个水生生态系统，需要按照生态学的原理，对于这个系统中一些环节进行调控，开展水体的生态净化工作。从水体中的生产者、消费者和分解者，即水生植物、枝角类、贝类、鱼类、微生物等，均可从不同的角度来进行水体的生态治理。下面主要介绍鱼类、贝类和水生植物。

1. 鱼类

通过本次调查，发现阿哈水库一个明显的现象是，库区鱼类多样性较低，鲢鱼、鳙鱼

已经是绝对的优势种，占到了整个库区鱼类资源量的 80% 以上。鲢鱼、鳙鱼在水生生态系统消费者营养级别较低，食物链相对单一。肉食性或杂食性鱼类，它们占据食物网的顶层，营养层级更复杂，更能维护整个水体生态的健康和稳定。人们在一些水库、湖泊有研究和实践，增加肉食性和杂食性的鱼类品种，也取得了较好的治理效果。

淡水生态系统中，植食性鱼类有中华鳑鲏，以碎屑、浮游植物为食；鲢鱼以浮游植物为食；鲫鱼以水生高等植物、浮游植物、浮游动物、水生昆虫幼虫、碎屑为食；鲤鱼以水生高等植物、浮游藻类、底栖动物中的寡毛类、蚌类、螺类、虾类为食。低级肉食性鱼类有鳙鱼，以浮游动物为食；黄颡鱼以虾类、水生昆虫幼虫为食。

阿哈水库投放鱼类的治理中，需要增加一定数量的鲤鱼、鲫鱼和其他土著鱼类品种，恢复阿哈水库鱼类资源的多样性，增加本地土著鱼类的资源量，才能更好地改善和维护水体生态系统，达到更好的治理效果。

2. 贝类

研究表明，底栖软体动物对富营养化水体具有明显的净化效应，可以达到净化水质的目的。底栖动物贝类、螺类有过滤浮游藻类、有机碎屑的食性，可以有效地去除湖水色度、总氮、总磷、氨氮、悬浮物、生化需氧量、降低化学耗氧量、藻类、细菌等。因此，底栖动物贝类、螺类处于非常重要次级消费者的地位，是食物链的中间环节，尤其是底层鱼类的主要饵料，它们在污染物的生物积累和向更高营养级的迁移中起着关键的作用。

在阿哈水库，可以通过增加螺蛳、河蚌等放养量，补充底栖动物资源数量，增加了水生态系统的稳定性，促进了物质循环，达到生态治理的效果。

3. 水生植物

水生高等植物通过促进湖水含磷物质的沉降和抑制表层沉积物的再悬浮而起到促进磷沉积，从而降低了水体磷含量，水生植物将湖水中的氮传输到底泥中，促其进入地球化学循环的功能，这对于降低湖水中的氮含量，防止湖泊富营养化有积极意义。常见的水生高等植物大多具有较强的耐污和强吸附能力，能有效地吸收水体中的 N、P 和重金属成分。

在阿哈水库，需要利用多种水生高等植物和水生植被组成人工复合生态单元，在治理水体营养化中发挥其优势，克服单一水生植物季节性变化明显、生物净化作用不稳定的缺点，发挥多种水生高等植物在时间和空间上的差异，实现优势互补，更好地达到生态治理的效果。同时，也要依据调查结果，充分利用阿哈水库中现有的一些水生生物物种作为调控因子，降低阿哈水库局部水体中的营养化程度，达到水质的净化。

（六）开展水生植物浮床建设和管理

通过对阿哈水库前期建设的水生植物浮床进行评估，认为水生植物浮床在阿哈水库有较好的净化效果。今后阿哈水库水域水生植物浮床生态治理工作，需要进一步改进和

提升。

1. 增加阿哈水库库区水生植物浮床的面积

阿哈水库水生植物浮床的建设，在库区生态治理中吸附、吸收水中的氨、氮、磷等有机污染物质，为水体中的鱼虾、昆虫和微生物提供生存和附着的条件方面发挥了很好的作用。一般来说，在进行生态治理中，水生植物需要达到一定的量，才能取得较好的效果。在阿哈水库，需要增加水生植物浮床的面积，提高对水体营养物的吸收量。

增加水生植物浮床的具体位置拟设置在入湖（水体）的入湖口及水流相对静止的库湾处。

2. 优化水生植物浮床的植物种类

在水生植物物种的选择上，要综合考虑生物量大、生长快、生长期长、氮磷吸收多、本土物种、美观这几个方面的因素，更好地起到净化的效果。

3. 制定水生植物浮床的管理规范

水生植物浮床有许多优点，其弱点也是非常明显的，一是在本地进入秋、冬季节，植物枯萎。二是植物死亡或衰败后，又进入水体，释放大量氮和磷，增加水体的浊度，需要及时打捞衰败的水生植物。三是水生植物浮床是水体中各类漂浮物较为集中的地方，需要定期及时清理。

因此，需要制定水生植物浮床的管理规范。没有规范管理，水生植物浮床就达不到净化效果。开展定期维护和清理，增加水生植物的生长量，通过定期清除，才能把水体转移到水生植物中的氮、磷等营养物质带出，实现水体营养物的降低。

（七）对饮用水取水口水质加强局部生态治理

对于整个水库而言，保持全湖Ⅲ类水质标准，争取Ⅱ类或更好的水质，实施全库的水体治理难度大、投入高、耗时长。目前，取水口前的生态围格是采用物理的手段进行滤过，对于降低取水口前的浮游动物、浮游植物、悬浮物等有一定作用，但针对水体中具体超标的指标没有效果。

可以针对取水口前的水体实施定点、定量、定目标的生态净化，提高取水口前的水体水质，确保Ⅲ类，争取Ⅱ类或更好的水质。对于阿哈水库而言，这种治理方式技术要求高，但针对性强、投入低、耗时短，更具优势。

（八）严格执行有关在阿哈水库进行水生生物放生（增殖放流）的规定

1. 制定有关阿哈水库进行水生生物放生（增殖放流）的具体条例

依据农业部办公厅和国家宗教事务局办公室2016年5月17日发布的《关于进一步规范宗教界水生生物放生（增殖放流）活动的通知》，应制定有关阿哈水库水生生物放生

（增殖放流）的具体条例，规范社会各界对阿哈水库进行有关水生生物放生（增殖放流）按规定和条例执行。

严格遵守规定，主动向渔业部门报告放生（增殖放流）的种类、数量、规格、时间和地点等事项，并接受监督检查；用于放生（增殖放流）的水生生物苗种，应当来自有资质的生产单位，并依法经检验检疫合格。用于放生（增殖放流）的亲体、苗种等水生生物应当是本地种，禁止使用杂交种、选育种、外来种及其他不符合生态要求的水生生物物种进行放生（增殖放流），防止对生物多样性和水域生态系统造成危害。

2. 大力清除和减少阿哈水库的外来入侵生物物种

在调查中，已发现阿哈水库区域有外来入侵生物物种：福寿螺、克氏原螯虾。

福寿螺又名大瓶螺，苹果螺，原产于南美洲亚马逊河流域。1981 年作为食用螺引入中国，因其适应性强，繁殖迅速，成为危害巨大的外来入侵物种。福寿螺食量大，咬食其他水生植物。该螺繁殖量惊人，一只雌性螺每次产卵一块，200~1 000 粒，一年可产卵20~40 次，产卵量 3 万~5 万粒。

克氏原螯虾，俗称小龙虾，原产中、南美洲和墨西哥东北部地区。该虾可以在堤坝上挖洞生存下来。它们食性广泛，建立种群的速度极快，易于扩散。对本地鱼类、甲壳类、水生植物极具威胁，破坏当地食物链，控制不当极易成为危险入侵生物。

福寿螺、克氏原螯虾一旦适应了阿哈水库的环境并成为优势物种，将对生态平衡带来严重影响，并可能导致原生态系统中的生物数量减少甚至灭绝，破坏阿哈水库的水生生态系统。因此，要组织力量，进行宣传，开展阿哈水库库区清除福寿螺、克氏原螯虾的行动。

3. 应编制禁止放生（增殖放流）的水生生物名录

我国分别于 2003 年、2010 年、2014 年，分三批发布中国外来入侵物种名单，共 53 个物种。随着国际、国内交流的不断扩大，外来入侵物种仍在日益增多。目前，针对本地区地理、环境、资源的特点，未有对外来入侵种的专门管理制度，缺乏预警机制。摆在管理部门及管理人员面前的难题是没有外来入侵物种名录，难以进行有效的管理。

在贵阳市及周边水域已发现雀鳝、红耳彩龟、克氏原螯虾等外来入侵物种。因此，为了保护阿哈水库的水生生态系统，需要对外来水生生物进行评估，尽快编制禁止放生（增殖放流）的水生生物物种名录，便于宣传和管理，提高社会各界在阿哈水库水生生物放生（增殖放流）的规范性和科学合理性。

参考文献

陈椽,龙胜兴,晏妮,等.2011.贵阳市"两湖一库"浮游生物多样性及常见种图集 [M].贵阳:贵州科技出版社.

陈茜.2010.浙江省主要常见淡水藻类图集 [M].北京:中国环境科学出版社.

邓坚.2012.中国内陆水域常见藻类图谱 [M].北京:长江出版社.

胡鸿钧,2006.李尧英,魏印心,等.中国淡水藻类 [M].北京:科学出版社.

刘月英.1979.中国经济动物志:淡水软体动物 [M].北京:科学出版社,1979.

尚陌晓.2015.辽宁铁岭莲花湖湿地野生维管束植物图谱 [M].北京:中国林业出版社.

王全喜.2008.上海九段沙湿地自然保护区及其附近水域藻类图集 [M].北京:科学出版社.

翁建中,徐恒省.2010.中国常见淡水浮游藻类图谱 [M].上海:上海科学技术出版社.

杨苏文.2015.滇池、洱海浮游动植物环境图谱 [M].北京:科学出版社.

养殖系水生生物教研组.1977.淡水软体动物图册 [M].厦门:厦门水产大学.

姚俊杰,沈昆根.2012.花溪河生物多样性 [M].贵阳:贵州大学出版社.

云南省环境监测中心站.2014.滇池常见浮游藻类图册 [M].北京:中国环境科学出版社.

赵文.2005.全国高等农业院校教材,水生生物学 [M].北京:中国农业出版社.

郑洪萍.2012.福建省大中型水库常见淡水藻类图集 [M].北京:中国环境科学出版社.

郑小东.2013.中国水生贝类图谱 [M].青岛:青岛出版社.

附录一
贵州省水资源保护条例

2016年11月24日贵州省第十二届人大常委会第二十五次会议通过；
自2017年1月1日起施行

第一章　总　则

第一条　为了合理保护、节约、开发和利用水资源，保障水安全，改善水环境，促进生态文明建设，根据《中华人民共和国水法》和有关法律、法规的规定，结合本省实际，制定本条例。

第二条　本省行政区域内保护、节约、开发、利用和管理水资源，适用本条例。本条例所称水资源，包括地表水和地下水。

第三条　水资源保护应当坚持人水和谐、全面规划、保护优先、水量水质水生态并重的原则，优先保护饮用水水源，预防、控制和减少水资源污染，推进生态文明建设。

第四条　县级以上人民政府应当将水资源保护工作纳入国民经济和社会发展规划，推行水资源保护目标绩效考核，加大对水资源保护的财政投入。

第五条　县级以上人民政府水行政主管部门负责本行政区域内水资源保护工作的组织实施和统一监督管理。

县级以上人民政府发展改革、环境保护、住房和城乡建设、经济和信息化、交通运输、国土资源、农业、林业等有关部门按照职责分工，负责本行政区域内水资源保护、节约、开发和利用的有关工作。

全省江河（湖泊、水库）水资源管理和保护全面推行各级人民政府行政首长负责的河

长制。

第六条　任何单位和个人都有节约和保护水资源的义务，有权举报污染和破坏水资源的行为。

第二章　保护规划

第七条　县级以上人民政府水行政主管部门应当编制本行政区域水资源保护规划，征求同级其他有关部门意见后，报本级人民政府批准。

跨行政区域流域的水资源保护规划，由共同的上一级人民政府水行政主管部门会同有关部门编制，报同级人民政府批准。

第八条　水资源保护规划应当与经济社会发展和资源开发利用相适应，明确规划水域水量、水质和水生态保护目标，核定水域纳污能力，制定污染物限制排放总量控制方案，提出水量保障、水质保护和水生态保护与修复措施等。

第九条　水资源保护规划应当服从水资源综合规划，其他与水资源保护相关的专业规划应当与水资源保护规划相协调。

水资源保护规划分为流域规划和区域规划，流域范围内的区域规划应当服从流域规划。

第十条　经批准的水资源保护规划应当严格执行。确需调整的，应当按照编制程序报原批准机关批准。

第三章　取用水管理

第十一条　省人民政府水行政主管部门应当按照国家确定的用水总量控制指标，分解制定市、州行政区域年度用水总量控制指标。市、州人民政府水行政主管部门应当按照年度用水总量控制指标，分解制定县级行政区域年度用水总量控制指标。

县级以上人民政府水行政主管部门依据分配的年度用水总量控制指标，下达取用水单位的年度取用水计划。

第十二条　国民经济和社会发展规划、城乡规划的编制，重大建设项目、工业聚集区、产业园区的布局，应当与当地水资源的承载能力和防洪要求相适应，并进行科学论证。

第十三条　县级以上人民政府应当采取措施降低用水消耗，推广节水型器具，提高用水效率和综合利用雨水，加强城市污水集中处理，提高中水回用率。

新建、扩建、改建建设项目，应当配套建设节约用水设施，节约用水设施应当与主体工程同时设计、同时施工、同时投产。

第十四条　县级以上人民政府水行政主管部门应当对纳入取水许可管理的单位实行计划用水管理，建立用水单位重点监控名录。

依法取得取水许可的单位和个人应当在取水口装置取水计量设施，保证计量设施正常运行，按照下达的取用水计划取水，并按照规定报送取水情况；水行政主管部门应当对取水计量设施运行情况和取用水情况进行核查。

第四章 地表水保护

第十五条 县级以上人民政府水行政主管部门应当会同环境保护等行政主管部门根据上一级水功能区划拟定本行政区域内的江河、湖泊的水功能区划，报同级人民政府批准，报上一级人民政府水行政主管部门和环境保护行政主管部门备案，并向社会公布。

经批准的水功能区划是水资源保护、开发与利用，水污染防治和水生态环境综合治理的依据，不得擅自调整。确需调整的，应当按照编制程序报原批准机关批准。

第十六条 县级以上人民政府应当采取工程设施建设、污染源预防与治理、水生态保护与修复、监测和信息系统建设、应急防控与管理体系建设等措施，确保水功能区水量、水质及水生态状况达到水功能区管理目标要求。

第十七条 有关单位和个人开展水资源开发利用、废水和污水排放、航运、旅游以及河道管理范围内项目建设等可能对水功能区有影响的涉水活动，应当对水功能区水量、水质、水生态的影响进行环境影响评价。

第十八条 县级以上人民政府水行政主管部门应当会同发展改革、环境保护等行政主管部门编制本行政区域入河(湖)排污口布设规划，报同级人民政府批准后实施。

在江河、湖泊新建、改建或者扩大排污口的，应当经过有管辖权的县级以上人民政府水行政主管部门同意。

入河(湖)排污口设置单位应当每年年底向县级人民政府水行政主管部门报告入河排污情况，不得拒报或者谎报。

第十九条 对水质不达标或者入河排污总量超过限制排污总量的水功能区，应当暂停审批新增入河(湖)排污口。环境保护行政主管部门应当监督入河(湖)排污口设置单位进行治理，经限期治理仍然没有达到要求的入河(湖)排污口，由县级以上人民政府对排污单位作出责令关闭的决定。

第二十条 县级以上人民政府水行政主管部门应当会同环境保护等行政主管部门提出集中式饮用水水源地及其管理单位名录，并向社会公布。

第二十一条 县级以上人民政府应当加强集中式饮用水水源地水量、水质安全保障建设，完善监控体系，健全管理体系。

集中式饮用水水源地管理单位应当建立巡查制度，对集中式饮用水水源地及相关设施进行巡查。

第二十二条 县级以上人民政府应当加强饮用水水源应急管理，制定突发事件应急预

案，建设两个以上相对独立的饮用水水源地。对不具备条件建设备用水源的，应当采取措施与相邻地区实行联网供水。

第二十三条 县级以上人民政府应当加强农村饮水基础设施建设，并将必要的经费列入同级财政预算，支持采取市场化等方式筹集建设资金。

鼓励和扶持农村集体经济组织和农民兴建蓄水、保水工程，推动农村供水工程建设。

第五章 地下水保护

第二十四条 省人民政府水行政主管部门应当根据地下水管理保护要求，在地下水严重超采区，组织划定地下水禁采区和限采区，经省人民政府批准后向社会公布。

在禁采区内，除应急需要外，禁止取用地下水。在限采区内，除应急需要和无替代水源的基本生活用水外，禁止新增取用地下水，并应当逐步削减地下水取水量，实现地下水采补平衡。

第二十五条 县级以上人民政府应当编制本行政区域地下水超采综合治理方案，采取措施压减地下水开采量，实现采补平衡。

第二十六条 有下列情形之一的，禁止新建、扩建、改建地下水取水工程或者设施：

（一）地表水能够满足用水需要的；

（二）公共供水管网覆盖范围内能够满足用水需要的；

（三）地下水开采达到或者超过年度取水计划可采总量控制的；

（四）因地下水开采引起地面沉降的；

（五）地下水水位低于规定控制水位的。

作为应急开采的地下水，只能作为应急时使用。

第二十七条 报废、闲置或者未完成施工的水源井所属单位或者施工单位，应当编制封填方案，水行政主管部门应当监督封填水源井。

超采地下水或者使用地下水源热泵系统的，应当进行人工回灌，并不得造成地下水污染。

第二十八条 除为保障矿井等地下工程施工安全和生产安全必须进行临时应急取（排）水的外，开采矿藏或者建设地下工程需要疏干排水的，开采或者建设单位应当依法向有管辖权的水行政主管部门申请取水，并采取防护性措施，防止污染地下水和水源枯竭。

第六章 水生态保护与修复

第二十九条 县级以上人民政府应当加强饮用水水源地、重要生态保护区、水源涵养区、江河源头区的保护，开展生态脆弱地区水生态修复工程建设，建立生态保护与修复维护管理机制，维护生态环境安全。

第三十条　县级以上人民政府水行政主管部门应当会同环境保护等行政主管部门制定基于生态流量保障的水量调度方案，确定河流的合理流量和湖泊、水库的合理水位。

水库、水电站等蓄水工程的管理单位应当按照前款规定的调度方案下泄生态流量，保障生态用水基本需求。

第三十一条　县级以上人民政府应当组织有关部门开展水生态环境调查，制定修复方案，采取措施，对水生态系统进行综合治理，保护和修复水生态环境。

第三十二条　省人民政府应当根据水功能区划和生态保护目标以及经济社会发展水平，建立饮用水水源地和河流、湖泊、水库上下游地区的水生态环境保护补偿机制。

第七章　监测与监控

第三十三条　县级以上人民政府水行政主管部门负责本行政区域的水功能区、地下水和饮用水水源地的水量和水质监测与监控。

县级以上人民政府环境保护行政主管部门负责对本行政区域的地表水水环境质量进行监测和统一发布。

排污口设置单位负责监测入河（湖）排污口的水量和水质，并定期向县级人民政府水行政主管部门和环境保护行政主管部门报告。

重点入河（湖）排污口应当安装水污染物排放自动计量、监测设备和视频监控装置，并与县级以上人民政府水行政主管部门和环境保护行政主管部门的监控设备联网。

第三十四条　县级以上人民政府水行政主管部门应当会同国土资源、环境保护等行政主管部门组织开展地下水动态监测，并对地下水超采地区、漏斗区、集中式地下水水源地、地下水污染地区实施重点监测。

开采地下水或者建设地下水工程的单位或者个人应当对其取水点的水位、水质进行动态监测，定期向县级以上人民政府水行政主管部门报告监测结果，涉及地热和矿泉水的，并同时向国土资源行政主管部门报告。

第三十五条　县级以上人民政府水行政主管部门监测发现饮用水水源地、水功能区、地下水等有异常情况或者发生突发水污染事件时，应当立即报告本级人民政府，并向同级环境保护等行政主管部门通报。

发生突发水污染事件时，县级以上人民政府及其有关部门应当立即启动相关应急预案。

第三十六条　县级以上人民政府水行政主管部门应当向社会公布水资源监测站点设置情况，定期公布水资源的监测信息。

第三十七条　县级以上人民政府应当定期向同级人大常委会报告水资源保护情况。

第八章 法律责任

第三十八条 县级以上人民政府水行政主管部门和其他行政主管部门、水资源保护监测和水工程运行管理单位的直接主管人员和其他直接责任人员，违反本条例规定，有下列行为之一，尚不构成犯罪的，依法给予处分：

（一）发现破坏、污染水资源的违法行为或者接到违法行为的举报后不予查处的；

（二）发现重大水污染事故或者隐患，未履行报告、通报或者通知职责，造成严重后果的；

（三）未按照批准程序擅自调整水功能区划的；

（四）拒绝向有关行政主管部门提供水资源保护监测数据和资料的；

（五）未按照规定进行水量、水质、水位监测的；

（六）其他滥用职权、玩忽职守、徇私舞弊的行为。

第三十九条 违反本条例规定，在水功能区从事不符合水功能区划要求的开发利用活动，对水量、水质及水生态造成严重影响的，由县级人民政府水行政主管部门责令停止违法行为，限期恢复原状，处以 5 万元以上 10 万元以下的罚款。

第四十条 违反本条例规定，擅自在江河、湖泊新建、改建或者扩大排污口的，由县级人民政府水行政主管部门责令限期拆除，处以 2 万元以上 10 万元以下的罚款；逾期不拆除的，强制拆除，所需费用由违法者承担，处以 10 万元以上 50 万元以下的罚款。

入河（湖）排污口设置单位拒报或者谎报入河排污情况的，由县级人民政府水行政主管部门责令限期改正；逾期不改正的，处以 1 万元以上 3 万元以下的罚款。

第四十一条 违反本条例规定的其他行为，有关法律、法规有处罚规定的，从其规定。

附录二
贵阳市阿哈水库水资源环境保护条例

贵州省贵阳市人民政府颁布

自 2009 年 5 月 1 日起实施

《贵阳市阿哈水库水资源环境保护条例》旨在为加强对阿哈水库水资源环境保护，防止水质污染，保障饮用水安全，共分总则、监督管理、保护和治理等几部分，自 2009 年 5 月 1 日起施行。

第一章 总 则

第一条 为加强对阿哈水库水资源环境保护，防止水质污染，保障饮用水安全，根据《中华人民共和国水污染防治法》以及有关法律、法规的规定，结合本市实际，制定本条例。

第二条 阿哈水库水资源环境的保护、管理、污染防治，适用本条例。

第三条 阿哈水库水资源是贵阳市的饮用水水源。阿哈水库水资源保护应当坚持预防为主、防治结合、综合治理的原则。

第四条 市人民政府以及小河区、云岩区、乌当区、花溪区、白云区人民政府应当将阿哈水库水资源环境保护纳入国民经济和社会发展计划，保证水资源环境保护资金投入，确保水资源环境保护、治理的需要。

第五条 市人民政府两湖一库管理机构（以下简称"管理机构"）在其管理范围内负责实施阿哈水库水资源环境保护监督管理工作。

管理机构的管理范围由市人民政府确定并向社会公布。

有关行政管理部门按照职责，做好阿哈水库水资源环境保护工作。

第六条　阿哈水库保护区范围内实行环境目标责任制，各级人民政府对本行政区域内的水资源环境质量负责。

第七条　任何单位和个人都有保护阿哈水库水资源环境的义务，有权举报、劝阻损害水资源环境的行为。

对举报的违法行为经查证属实的，由管理机构或者环境保护行政主管部门对举报人给予奖励。

第二章　监督管理

第八条　在管理机构管理范围内有关阿哈水库水资源环境保护的下列行政许可，由管理机构实施：

（一）建设项目环境影响评价文件审批，建设项目发生重大变动或者经批准后五年未建项目的环境影响评价文件审批，建设项目环境保护设施竣工验收审批，向水体排放污染物许可，污染防治设施拆除或者闲置审批；

（二）取水许可，开发建设项目水土保持方案审批。

前款规定事项，需报省级以上人民政府有关行政主管部门批准的，按照程序报批。

第九条　在管理机构管理范围内有关阿哈水库水资源环境保护的环保、规划、建设、城管、农业、水利、林业绿化、卫生、旅游、交通方面的行政处罚，由管理机构实施。

法律、法规已授权有关组织实施行政处罚，或者依法经过批准已经实行相对集中行政处罚的除外。

第十条　管理机构、环境保护行政主管部门应当会同有关行政管理部门、区人民政府，编制阿哈水库水污染防治规划，报市人民政府批准后实施。

第十一条　管理机构、环境保护行政主管部门应当在阿哈水库水源地、主要入库河道设立水质监测点位，定期组织水质状况监测、评价，监测结果报告市人民政府，并向社会公布。

管理机构、环境保护行政主管部门发现水体异常的，应当及时报告市人民政府，并通报有关区人民政府及有关部门。

第十二条　管理机构、环境保护行政主管部门有权对排污单位进行现场检查，被检查单位必须如实反映情况，提供必要的资料。检查机关有义务为被检查的单位保守在检查中获取的商业秘密。

第十三条　管理机构应当根据城市供水和防汛安全的需要，加强阿哈水库水资源统一调配工作，增强水库水资源调蓄能力。

第十四条　管理机构、环境保护行政主管部门应当公布举报电话，负责受理阿哈水库水资源环境保护等方面的投诉举报。接到举报后，属于职责范围的，应当及时查处；不属于职责范围的，应当及时移送有关部门处理。

第三章　保护和治理

第十五条　按照饮用水水源水质保护管理要求，阿哈水库保护区划分为一级保护区、二级保护区和准保护区。

保护区范围的划定和调整，由市人民政府提出方案，报省人民政府批准后，向社会公布。

第十六条　市、区人民政府应对划定的保护区设立界碑、界桩、警示牌等标志。

禁止改变、破坏保护区设立的界碑、界桩、警示牌等标志。

第十七条　阿哈水库一级、二级保护区内的水质分别执行国家地表水环境质量标准的二类和三类标准；准保护区执行二级保护区的水质标准。

有关区人民政府应当确保本行政区域在阿哈水库流域内的河流出境断面水质达到前款规定标准。对水质不符合规定标准的地区，市人民政府应当削减该地区重点水污染物排放总量。

市人民政府应当定期对未按要求完成重点水污染物排放总量控制指标的地区予以公布。

第十八条　阿哈水库准保护区内禁止下列行为：

（一）新建、扩建对水体污染严重的建设项目，增加改建项目排污量；

（二）向水体排放油渍、酸液、碱液；

（三）向水体倾倒工业废渣、城镇垃圾和其他废弃物；

（四）在水体中清洗装储油类或者有毒、有害污染物的车辆和容器；

（五）利用渗坑、裂隙、溶洞及废弃矿坑排放、倾倒有毒、有害污水以及储存放射性物质、有毒化学品、农药等；

（六）炸鱼、毒鱼、电鱼、用非法渔具捕鱼；

（七）使用国家禁止使用的剧毒和高残留农药；

（八）生产、销售和使用含磷洗涤剂。

第十九条　阿哈水库二级保护区内除执行本条例第十八条规定外，还禁止下列行为：

（一）新建、改建、扩建排放污染物的建设项目；

（二）设置排污口；

（三）设置畜禽养殖场；

（四）堆放、填埋城镇垃圾或者其他废弃物。

已建成的排放污染物的建设项目，由县级以上人民政府按规定权限责令拆除或者

关闭。

第二十条　阿哈水库一级保护区内除执行本条例第十八条、第十九条规定外，还禁止下列行为：

（一）新建、改建、扩建与供水设施和保护水源无关的建设项目；

（二）放养禽畜，从事围库、拦库和网箱水产养殖活动；

（三）游泳、露营、野炊、垂钓、捕捞；

（四）经营旅游、餐饮；

（五）设置渗水厕所、粪坑及污水渠道；

（六）利用污水灌溉和有毒污泥作肥料；

（七）向水体倾倒船舶垃圾、残油、含油污水，使用与供水防汛和水资源环境保护无关的机动船舶；

（八）其他可能污染水体的活动。

已建成的与供水设施和保护水源无关的建设项目，由县级以上人民政府按规定权限责令拆除或者关闭。

第二十一条　各级人民政府应当按照水污染防治规划，组织建设城乡居民生活污水收集管网和集中处理设施，限期投入使用。组织开展乡镇村寨生活污水处理工作，防止生活污水直接排入水体。建设生活垃圾收集、转运和集中处理设施，对人畜粪便、生活垃圾等废弃物进行资源化、无害化处理。

第二十二条　阿哈水库保护区内原批准开办的煤窑，由县级以上人民政府制定计划，按照规定权限予以关闭。关闭前所排放的废水由排放企业治理，达标排放，所堆弃的煤矸石必须进行无害化处理；废弃煤窑及其产生的煤矸石、矿坑废水由所在地区、乡（镇）人民政府按照规定期限进行治理。

第二十三条　严格控制一级保护区内的船舶数量。除供水、防汛和水资源环境保护需要使用的船舶和经过有关部门批准使用的农用非机动船舶外，禁止其他各类船舶进入阿哈水库。

第二十四条　各级人民政府和管理机构、林业绿化、水利等部门应当在阿哈水库保护区内的荒山、荒地有计划地组织植树造林，营造环库林带，保护自然植被。

第二十五条　县级以上人民政府和管理机构、环保、水利等部门应当制定计划，有步骤地疏浚、治理阿哈水库库体和入库河道。

第二十六条　禁止在阿哈水库保护区内25°坡度以上的陡坡地和20°坡度以上直接面向水库集水区的荒坡地上开垦种植农作物，防止水土流失。已经种植的，各级人民政府应当根据实际情况制定计划，逐步实行退耕还林，恢复植被。

实行退耕还林的，应当按照有关规定，对退耕者予以补偿。

第二十七条　各级人民政府应当在阿哈水库保护区内推广使用高效、低毒、低残留农药和生物制剂，减少对土壤、水体的污染和破坏，发展有机农业和生态农业，减轻农业面源污染。

第四章　法律责任

第二十八条　排污单位拒绝管理机构、环境保护行政主管部门监督检查或者在接受监督检查时弄虚作假的，由管理机构或者环境保护行政主管部门责令改正；情节严重的，处以 1 万元以上至 10 万元以下罚款。

第二十九条　擅自改变、破坏保护区设立的界碑、界桩、警示牌等标志的，由管理机构或者水行政管理部门责令恢复原状，处以 500 元以上至 1 000 元以下罚款。

第三十条　有本条例第十八条、第十九条、第二十条、第二十三条行为之一的，由管理机构或者有关行政管理部门按照下列规定处理：

（一）有本条例第十八条第一项、第十九条第一项、第二十条第一项行为之一的，由管理机构或者环境保护行政主管部门责令停止违法行为，处以 10 万元以上至 50 万元以下的罚款；并报经有批准权的人民政府批准，责令拆除或者关闭；

（二）有本条例第十八条第二、三、四、五项行为之一的，由管理机构或者环境保护行政主管部门责令停止违法行为，限期采取治理措施，消除污染，对第十八条第二、三项行为处以 2 万元以上至 20 万元以下的罚款，对第四项行为处以 1 万元以上至 10 万元以下的罚款，对第五项行为处以 5 万元以上至 50 万元以下罚款；逾期不采取治理措施的，可以指定有治理能力的单位代为治理，所需费用由违法者承担；

（三）有本条例第十八条第六项行为的，由渔政监督管理机构没收渔获物、非法渔具和违法所得，处以 500 元以上至 1 万元以下罚款；

（四）有本条例第十八条第七项行为的，由管理机构或者农业行政管理部门责令停止违法行为，处以 2 万元以下罚款；

（五）有本条例第十九条第二项行为的，由县级以上人民政府责令限期拆除，处以 10 万元以上至 50 万元以下罚款；逾期不拆除的，强制拆除，所需费用由违法者承担，处以 50 万元以上至 100 万元以下罚款，并可以责令停产整顿；

（六）有本条例第十九条第三项行为的，由管理机构或者环境保护行政主管部门责令停止违法行为，处以 2 万元以上至 10 万元以下罚款，由县级以上人民政府按照规定权限责令拆除或者关闭；

（七）有本条例第十九条第四项和第二十条第二、四项行为之一的，由管理机构或者环境保护行政主管部门责令停止违法行为，处以 2 万元以上至 10 万元以下罚款；

（八）有本条例第二十条第三项行为的，由管理机构责令停止违法行为，可以处以

200 元以上至 500 元以下罚款；

（九）有本条例第二十条第五、六项行为之一的，由管理机构责令停止违法行为，处以 500 元以上至 2 万元以下罚款；

（十）有本条例第二十条第七项和第二十三条行为之一的，由管理机构或者海事管理机构责令停止违法行为，处以 5 000 元以上至 5 万元以下的罚款；造成水污染的，责令限期采取治理措施，消除污染；逾期不采取治理措施的，可以指定有治理能力的单位代为治理，所需费用由违法者承担。

第三十一条　在阿哈水库保护区生产、销售和使用含磷洗涤剂的，由管理机构或者环境保护、质监、工商行政管理部门依据有关法规予以处罚。

在阿哈水库保护区禁止开垦的陡坡地、荒坡地开垦种植农作物的，由管理机构或者水行政管理部门依据有关法律、法规予以处罚。

第三十二条　管理机构或者有关行政管理部门有下列行为之一的，对直接负责的主管人员和其他直接责任人员依法给予行政处分：

（一）不依法作出行政许可或者办理批准文件的；

（二）发现违法行为或者接到违法行为的举报后不予查处的；

（三）未按照本条例规定履行职责的。

第五章　附　则

第三十三条　本条例自 2009 年 5 月 1 日起施行。

贵阳市人民政府

保护水源就等于保护我们的未来。
珍爱生命之水，保护阿哈水库。

附录三

表注/图注编号、数据单位、符号等说明

1. 图 1.1.1 表示第一部分第一张图片；表 1.1.1 表示第一部分第一张表格；其他图（表）以此类推。

2. km^3 指立方千米；km^2 指平方千米；km 指千米；m 指米；cm 指厘米；mm 指毫米；μm 指微米；t 指吨；kg 指千克；g 指克；L 指升；ind.L 指个 / 升；d 指天；kg/d 指千克 / 天；t/d 指吨 / 天。

3. 水质指标 N、P，指氮、磷；WT 指水温。

4. 书中各名录物种图片的比例尺根据物种大小以及显微镜下不同倍数的显微观察而变化，反映了当时所取物种的大小，比例尺与实际大小有偏差。